LOTHAR FINKE
Landschaftsökologisches
Gutachten für das
Siegmündungsgebiet

BEITRÄGE
ZUR
LANDES-
ENTWICKLUNG

32

Herausgegeben vom
Referat
Landschaftspflege

1974
Landschaftsverband Rheinland · Köln

LOTHAR FINKE

Landschaftsökologisches Gutachten für das Siegmündungsgebiet

Vorschläge zur Ausweisung von Gebieten
für Natur- und Landschaftsschutz

mit 6 Karten im Anhang

1974
Rheinland-Verlag GmbH · Köln
in Kommission bei Rudolf Habelt Verlag GmbH · Bonn

Erarbeitet im Auftrag des Landschaftsverbandes Rheinland
— Referat Landschaftspflege —, D-5000 Köln 21, Kennedy-Ufer 2.
Als Manuskript vorgelegt am 6. 2. 1973.
Anschrift des Verfassers:
Professor Dr. Lothar Finke, D-4630 Bochum, Biermannsweg 24 b.

Der Umschlag zeigt Ausschnitte der ökologischen Auswertekarte zur Bodenkarte 1 : 50 000 von NW (Blatt Krefeld).
Herausgeber: Landschaftsverband Rheinland — Referat Landschaftspflege —, Köln 1973.
Vertrieb: Rheinland-Verlag GmbH Köln, Landeshaus, Kennedy-Ufer 2.

Für den Inhalt der Arbeit ist der Verfasser verantwortlich.
© 1974 Landschaftsverband Rheinland — Referat Landschaftspflege —
Schriftleitung: Ursula Kisker
Titelgestaltung: Gregor Kierblewsky
Herstellung: Publikationsstelle des Landschaftsverbandes Rheinland
Druck: Josef Müller GmbH, 5072 Schildgen
ISBN 3 — 7927 — 0204 — 5

Vorbemerkung

Das Tal der unteren Sieg im Bereich der Rheinniederterrasse ist als ökologischer Ausgleichsraum, d. h. für den Landschaftshaushalt sowie als Regenerationszelle für die Pflanzen- und Tierwelt der bedrohten Feucht- und Wasserlebensstätten von großer Bedeutung. Zudem eignet sich das Gebiet für die naturbezogene Tageserholung – eine Form der Erholung und Freizeitgestaltung, die eine weitaus weniger intensive Nutzung und damit Belastung der Landschaft mit sich bringen sollte.

Im Auftrag des Herausgebers erstellte Prof. Dr. Lothar FINKE ein landschaftsökologisches Gutachten, das im wesentlichen 1971/72 erarbeitet wurde. Es soll die Unterschutzstellung der unteren Sieg begründen und Abgrenzungsvorschläge für auszuweisende Natur- und Landschaftsschutzgebiete unterbreiten. Da bereits mehrere Untersuchungen der Tier- und Pflanzenwelt vorliegen (vgl. KRAMER 1970), treten in dieser Arbeit die biotischen Gesichtspunkte zugunsten der naturgeographischen Betrachtungsweise zurück.

Der Landschaftsverband Rheinland – Referat Landschaftspflege – unterstützt die Unterschutzstellungsvorschläge des Verfassers und empfiehlt, zur Erhaltung und Entwicklung der bedrohten Lebensstätten das Verfahren zur einstweiligen Sicherstellung der Naturschutzgebiete und sonstigen Landschaftsteile möglichst bald einzuleiten, um die Weiterführung von Veränderungen oder Beseitigungen zu untersagen und nötigenfalls zu verhindern.

Köln, im Juli 1974   Der Herausgeber

Landschaftsökologisches Gutachten für das Siegmündungsgebiet

Vorschläge zur Ausweisung von Gebieten
für Natur- und Landschaftsschutz

mit 6 Karten im Anhang

Inhaltsverzeichnis

11	1	Einleitung
11	1.1	Zweck und Ziel der Untersuchung
11	1.2	Lage und Abgrenzung des Untersuchungsgebietes
11	2	Die in die Beurteilung eingehenden Ökofaktoren des Untersuchungsgebietes
11	2.1	Die geologischen Verhältnisse
12	2.2	Die morphologischen Verhältnisse
13	2.3	Die bodenkundlichen Verhältnisse
13	2.4	Das Klima
13	2.4.1	Die Niederschläge
14	2.4.2	Die Temperaturverhältnisse
14	2.4.3	Die Windverhältnisse
15	2.4.4	Bewölkung, Besonnung, Phänologie
15	2.5	Die hydrologischen Verhältnisse
16	2.6	Die Karte der heutigen, potentiellen natürlichen Vegetation
16	2.7	Die Tierwelt
16	2.8	Der Mensch als Ökofaktor
17	2.8.1	Der Einfluß des Menschen auf Morphologie, Boden, Vegetation und die heutige Bodennutzung
17	2.8.2	Veränderungen der Atmosphäre
18	2.8.3	Veränderungen der Hydrosphäre
19	3	Die Ökotope des Untersuchungsgebietes
19	3.1	Hochwasserbeeinflußte Ökotope
19	3.1.1	Stehende Gewässer und verlandende Altarme
19	3.1.2	Fließende Gewässer
20	3.1.3	Auenwald
20	3.1.3.1	Naturnahe Auenwaldkernzone
20	3.1.3.2	Weidengebüsch
20	3.1.3.3	Parkartiger naturnaher Auenwald
21	3.1.3.4	Pappelkulturen (mit Grünland)
21	3.1.3.5	Auen-Wiese, Auen-Feldflur, Auen-Heide
21	3.1.3.6	Die Tierwelt innerhalb der Auenwaldzone
22	3.1.3.7	Ökotop Deich
22	3.2	Hochwasserunbeeinflußte Ökotope
23	3.3	Die vom Menschen geschaffenen Ökotope
23	4	Planungskonzeption für Natur- und Landschaftsschutz im Bereich der Siegmündung und deren Begründung aus landschafts-(geo-)ökologischer Sicht
23	4.1	Vorschlag zur Ausweisung von Schutzzonen unter dem Gesichtspunkt einer langfristigen Planungskonzeption
24	4.2	Begründung der Vorschläge aus landschaftsökologischer Sicht
24	4.3	Stellungnahme zur geplanten Fern-Schnellbahn
25		Literaturverzeichnis
26		Benutzte Karten

Verzeichnis der Karten im Anhang

Karte 1: Morphologie
Karte 2: Bodentypen
Karte 3: Potentielle natürliche Vegetation
Karte 4: Situationsskizze
Karte 5: Ökotope
Karte 6: Planungskonzeption für Natur- und Landschaftsschutz

1 Einleitung

1.1 Zweck und Ziel der Untersuchung

Wie bereits vom Auftraggeber in der Vorbemerkung dargelegt worden ist, sollte vorliegende landschaftsökologische Studie dazu dienen, die Unterschutzstellung des Gebietes der inneren Siegmündung als Naturschutzgebiet und der Umgebung als Landschaftsschutzgebiet zu begründen.

Es sei darauf hingewiesen, daß diese Untersuchung zur Geoökologie (TROLL 1971) des Untersuchungsgebietes sich schwerpunktmäßig auf die **abiotischen** Geofaktoren Geologie, Relief, Bodenverhältnisse, Klima und Hydrologie bezieht, da zur Pflanzen- und Tierwelt der Siegniederung bereits mehrere Veröffentlichungen vorliegen (UHRIG 1953, KRAMER 1970 u. a.).

Auf der Grundlage der genannten abiotischen Geofaktoren wird eine Karte der heutigen Ökotope erstellt (s. Karte 5). Unter Berücksichtigung des derzeitigen Zustandes der Kulturlandschaft und der dem Verfasser bekannt gewordenen Planungen wird dann aus dieser Karte eine weitere Karte entwickelt, die **mögliche** und aus landschaftsökologischer Sicht **wünschenswerte** landschaftliche Zustände im Untersuchungsgebiet darstellt. Es sei ausdrücklich darauf hingewiesen, daß diese in Karte 6 dargelegten Empfehlungen an die Planung aus geoökologischer Sicht gegeben werden, d. h., daß der Gesamtbereich der **sozioökonomischen** Belange hier bewußt unberücksichtigt bleibt.

1.2 Lage und Abgrenzung des Untersuchungsgebietes

Das Untersuchungsgebiet „Siegmündung" ist Teil der Siegburger Bucht; diese bildet zusammen mit neun anderen Kleinlandschaften die „Kölner Bucht", diese wiederum mit vier weiteren Einzellandschaften die „Niederrheinische Bucht" (PAFFEN 1953).

Das Siegmündungsgebiet beginnt an der Agger-Einmündung und öffnet sich von hier aus trichterförmig zum Rhein hin. Gegenstand der Untersuchung i.e.S. ist die morphologische Einheit „Siegniederung", d. h. der in die Niederterrasse eingesenkte alluviale Talboden. Dieser Bereich, den die Sieg früher aufgrund des nur geringen Gefälles in diesem unteren Talabschnitt in mehreren weitschwingenden, freien Mäandern durchfloß, war einst von Auenwald eingenommen. Durch Eingriffe des Menschen ist diese Überschwemmungszone heute auf einen im Durchschnitt ca. 1 km breiten Bereich eingeengt; lediglich im direkten Mündungsbereich beträgt der maximale Deichabstand 1,5 km.

Im Laufe der Untersuchung zeigte sich, daß diese schmale Zone innerhalb der Deiche i.S. der eingangs formulierten Fragestellung vorwiegend begutachtet werden müßte, da außerhalb dieser Zone der derzeitige Kulturlandschaftszustand einen Naturschutz in jedem Falle ausschließt — einen Landschaftsschutz als Pufferzone um die anzustrebenden Naturschutzgebiete jedoch wünschenswert erscheinen läßt, wenn dadurch eine Schutzfunktion der Naturschutzgebiete tatsächlich auf lange Sicht gewährleistet werden kann.

Um das engere Untersuchungsgebiet räumlich besser einordnen zu können, wird jedoch in allen Karten ein weitaus größerer Bereich dargestellt.

2 Die in die Beurteilung eingehenden Ökofaktoren des Untersuchungsgebietes

2.1 Die geologischen Verhältnisse

Da das Gebiet der Siegmündung auf Blatt Bonn Nr. 5208 der geologischen Spezialkarte 1 : 25 000 dargestellt ist, kann sich dieses Kapitel darauf beschränken, nur die wesentlichsten Fakten kurz vorzustellen. Den großräumigen Rahmen des Untersuchungsgebietes bilden die paläozoischen Schichten des Rheinischen Schiefergebirges, dessen Nordrand hier durch die Kölner Tieflandbucht nach Süden eine Einbuchtung erfährt, die im Tertiär unter gleichzeitiger Hebung der umgebenden Gebirgsschollen entstand. Die tertiären Ablagerungen sind im Bereich des Untersuchungsgebietes von den diluvialen Schottern des Rheines und der Sieg bedeckt, die hier mit ihren weiten Terrassenflächen das Landschaftsbild bestimmen.

Innerhalb dieses Systems von Talgenerationen befindet sich das Gebiet der Siegniederung gänzlich im Bereich der Rhein-Niederterrasse, die sich in unserem Beispiel mit der Sieg-Niederterrasse verschneidet.

Der weichselzeitliche Schotterkörper der Niederterrasse besteht aus einer Wechsellagerung von Grobkiesen bis Sanden, denen alluviale Hochflutablagerungen von stellenweise 2—3 m Mächtigkeit aufliegen. Die Terrassenschotter sind ca. 20—30 m mächtig und werden von tertiären Tonen unterlagert. Eingebettet in diese Niederterrassenschotter ist die alluviale Siegtalaue, unser eigentliches Untersuchungsgebiet, d. h., daß wir es hier nur mit alluvialen Ablagerungen der Sieg zu tun haben. Die Bedeutung dieser Tatsache wird bei der Behandlung der Böden noch zu besprechen sein.

2.2 Die morphologischen Verhältnisse (Karte 1)

Die alluviale Siegtalaue gliedert sich in das Hochflutbett, welches bei großen Hochwässern überspült wird, und in den sog. Ufersaum, der den Fluß als meist nur schmaler Streifen begleitet und der bei jedem Hochwasser überflutet wird.

Das Hochflutbett wurde früher als eigene Terrasse aufgefaßt, aber schon KNUTH (1923, S. 100) war bekannt, daß die Schotterführung mit derjenigen der Niederterrasse identisch ist; aufgrund dieses Tatbestandes betrachtet GURLITT (1949) das Hochflutbett als zum alluvialen Talboden gehörend; von anderen Autoren wird das Hochflutbett auch als „Inselterrasse" bezeichnet.

Für unsere Fragestellung ist von Bedeutung, daß die Sieg in dem hier zu behandelnden Abschnitt lediglich ein Gefälle von ca. 1‰ besitzt, wodurch sie aufgrund dieses geringen Gefälles sich wie ein Niederungsfluß in großen freien Mäandern bewegte. Einen ungefähren Eindruck dieses ursprünglichen Bildes vermittelt die geologische, aber auch die bodenkundliche Karte, auf denen die ursprünglichen Mäander noch gut zu erkennen sind. Im Verlaufe von Hochwässern wurden solche Mäander oft verlegt, infolge von Erosion im Hauptarm und Akkumulation in Nebenschlingen und -armen ergaben sich engräumig Höhenunterschiede von 2–3 m. In einem solchermaßen von Hochfluten ständig neu überformten Talbereich ergibt sich infolge der außerordentlich großen Morphodynamik ein engräumig stark wechselndes Kleinrelief, welches aus folgenden Gründen für die räumliche Verteilung der Ökotope den absolut wichtigsten Faktor darstellt:

a) Eine Aufragung oder Eintiefung um auch nur einen Meter bedeutet in dieser Flußniederung mit einem durchschnittlichen Grundwasserflurabstand von ca. 2 m eine ganz entscheidende standörtliche Abwandlung.

b) Als Folge der oft wechselnden Ablagerungsbedingungen findet sich engräumig ein starker Wechsel des Materials vom groben Kies bis zum sandigen Lehm, wodurch trotz gleichen Grundwasserflurabstandes der Bodenwasserhaushalt stark abgewandelt wird.

Das morphologisch durch ein Gewirr alter Flußschlingen gekennzeichnete Siegmündungsgebiet stellt gerade aufgrund dieser seiner morphologischen Eigenart einen Bereich dar, auf dem engräumig die Standortverhältnisse stark wechseln, **in dem also das Prinzip der Diversität der Lebensräume infolge der morphologischen Verhältnisse in hohem Maße verwirklicht ist.**

Durch Eingriffe des Menschen, besonders durch die Flußbegradigungen und die Deichbauten, ist dieser ursprüngliche Zustand weitgehend verändert worden. So ist die Zone, die bei Hochfluten überformt werden kann, durch Deiche auf eine schmale Zone eingeengt, außerhalb derer morphologische Veränderungen nur noch durch den Menschen erfolgen. Infolge der Flußbegradigungen wurden alte Schleifen abgeschnitten, die inzwischen bis auf wenige Ausnahmen weitgehend verlandet sind.

Wesentliche, sowohl den Landschaftshaushalt als auch das Landschaftsbild mitbestimmende Elemente sind die Bauwerke, also alle Deiche und Dämme. Durch die neue Autobahn ist erst in allerjüngster Zeit der südlich der Sieg gelegene Bereich bei Menden durch einen Damm weiter eingeengt worden.

Als Folge der natürlichen Verlandung der Altarme werden diese im Niveau erhöht, wodurch engräumige Reliefunterschiede z. T. ausgeglichen werden, was eine Angleichung der natürlichen Lebensstätten zur Folge hat. Die menschlichen Bauwerke bedeuten zwar für das Landschaftsbild ein neues morphologisches Element, das Mosaik der Ökotope wird dadurch jedoch nicht positiv bereichert, eher negativ beeinflußt.

Als weitere morphologisch wirksame Aktivität des Menschen ist das Ablagern von Bauschutt in Altarmen zu nennen, wodurch über den Niveauausgleich eine weitere Uniformierung des Lebensstättenspektrums eintritt.

Die natürliche Begrenzung erfährt das Gebiet der Siegniederung durch den Anstieg zur Niederterrasse. Im Untersuchungsgebiet überschneiden sich zwei Terrassensysteme, nämlich die von Rhein und Sieg. Der Schotterkörper ist im wesentlichen aus Rheinschottern, z. T. auch aus Sieg- und Aggerschottern aufgebaut.

Zum Verständnis der heutigen Morphologie im Siegmündungsgebiet ist es wichtig, zu wissen, daß der Flußlauf und die Mündung in den Rhein mehrfach verändert wurden.

Eine aus dem Jahre 1700 stammende Karte (Flußkarten II 10/10 im Hauptarchiv Düsseldorf) zeigt einen großen Mäanderbogen zwischen Müllekoven und Bergheim, welcher auf der heutigen Südseite bis Schwarz-Rheindorf reichte. Nach J. MEURER (zitiert nach ENGELS 1965) befand sich die Siegmündung früher in der Nähe von Schwarz-Rheindorf und wanderte infolge Verlandung immer mehr nach Norden.

Bis zum Jahre 1777 war die Mündung der Sieg etwa mit der heutigen identisch, dann ließen Kurköln und Berg den Unterlauf begradigen; die Folge dieses Eingriffs war, daß die Sieg, wie z. B. auf der „Tranchotkarte" und auf der „Uraufnahme von 1845" zu sehen, rechtwinklig in den Rhein mündete.

Dadurch kam es in der Folgezeit zu einer ständigen Behinderung der Rheinschiffahrt durch Sieg-Gerölle, und bei Rheinhochwasser kam es infolge Rückstauwirkung zu einer ständigen Aufschotterung im Siegbett. Dies führte dazu, daß die Sieg sehr leicht über die Ufer trat, aus ihrem Bett ausbrach und sich ein neues suchte. Deshalb wurde im Jahre 1847 ein allgemeiner Regulationsplan erstellt, und seit dem Jahre 1852 befindet sich die Mündung wieder an der ehemaligen und damit an der heutigen Stelle unterhalb der Pfaffenmütze.

Ein Vergleich der topographischen Karten von 1893 und 1925 zeigt die Auswirkungen der zu Beginn unseres Jahrhunderts ausgeführten Regulierungsarbeiten. So wurden durch Durchstiche an folgenden Stellen Schleifen abgeschnitten: westlich Meindorf, zwischen Bergheim, Müllekoven und Geislar an zwei Stellen, wodurch drei weitere Altarme entstanden. Der Vergleich zur heutigen Situation zeigt lediglich schwache Veränderungen des Sieglaufes zwischen Meindorf und Menden.

Als Ergebnis dieser wasserbaulichen Maßnahmen wurde eine wesentliche Verkürzung der Überschwemmungszeiten erreicht. Die Hochwasserdämme, bestimmende morphologische Elemente im Untersuchungsgebiet, die über die Einengung des überschwemmbaren Bereiches sehr weitreichende ökologische Folgen haben, werden seit 1871 von einem Deichverband betreut. Eine Karte aus dem Jahre 1788 (WIEBEKING, in: JASMUND, S. 111) zeigt bereits zwei Deiche; die meisten der heute existierenden wurden jedoch erst in der zweiten Hälfte des 19. Jahrhunderts gebaut. Die heutige topographische Karte 1 : 25 000 zeigt das gesamte Deichsystem und macht deutlich, welche Deiche durch flußnähere inzwischen ihre ehemalige Schutzfunktion verloren haben.

2.3 Die bodenkundlichen Verhältnisse (Karte 2)

Sowohl die im Untersuchungsgebiet vorkommenden Bodenarten als auch die hier entwickelten Bodentypen sind charakteristisch für Talauen.

Die Auenböden des Siegtales sind zunächst durch die ca. 1–2 m mächtige Auenlehmdecke der Sieg gekennzeichnet, die kein freies Kalziumkarbonat enthält, mit Ausnahme des untersten Mündungsabschnittes, wo im Einflußbereich des Rheines hier kalkhaltige Auenböden ausgebildet sind.

In unmittelbarer Nachbarschaft des Flusses herrscht der Typ des „Braunen Auenbodens" vor, hier noch einmal nach der Bodenart in eine sandige und eine schwach lehmige Variante untergliedert. Außerhalb der Deiche, d. h. außerhalb des Überflutungsbereiches, unterliegen diese Böden seit längerer Zeit einer Verlehmung, weshalb sie hier zur Kennzeichnung ihrer bodengenetischen Dynamik als „Braunerde-Auenböden" bezeichnet werden.

Wie aus der morphographischen Karte ersichtlich (s. Karte 1), weicht der Niederterrassenrand zwischen Geislar und Vilich buchtartig nach Südosten zurück — die in dieser Bucht abgelagerten älteren Auensedimente wurden dennoch dem Typ der „Auenboden-Braunerde" zugewiesen, da sie noch länger als die außerhalb der Deiche gelegenen „Braunerde-Auenböden" von Überflutungen verschont geblieben sind, so daß ihre Entwicklung in Richtung Braunerde bereits noch weiter fortgeschritten ist.

Innerhalb des Überflutungsbereiches können in Altarmen insgesamt drei in diesem Maßstab darstellbare Bereiche ausgeschieden werden, wo Auengleye mit einem geringen Grundwasserflurabstand (unter 1 m) vorkommen.

Die Zonen treten auf:

a) südlich der Mondorfer Fähre, genau dort, wo demnächst die neue Straße über die untere Sieg entlanggeführt wird,

b) im Bereich des Gyssel, nordöstlich Geislar,

c) im Bereich des Et Dude, südöstlich Müllekoven.

Über die Nährstoffverhältnisse und damit über die standortprägenden Eigenschaften dieser Auenböden ist folgendes festzuhalten:

Durch alljährliche Hochwässer wird den Auenböden, den typischen Bodenbildungen der Flußtäler und Niederungen, ständig ein sehr nährstoffreicher Alluvialschlamm zugeführt, welcher in unserem Beispiel im Einflußbereich des Rheines auch Kalziumkarbonat enthielt. Heute ist durch Deichbauten diese Zone natürlicher Sedimentationsbedingungen gegenüber früher sehr stark eingeengt. Angesichts der zunehmenden Verschmutzung besonders des Rheines ist dadurch allerdings auch die Gefahrenzone einer Bodenvergiftung eingeengt, wenngleich natürlich bei Hochwasser die Konzentration der Schadstoffe und damit die direkte Gefahr geringer ist.

2.4 Das Klima

Nach der großklimatischen Einteilung gehört das Untersuchungsgebiet zum ozeanisch bestimmten nordwestdeutschen Klimabereich mit relativ milden Wintern und mäßig warmen Sommern. In westöstlicher Richtung erfährt dieser Klimacharakter entsprechend den orographischen Verhältnissen eine Abwandlung von der Klimagunst der südlichen Kölner Bucht hin zum niederschlagsreichen Mittelgebirgsklima.

Nach der von BÜRGENER[1]) erstellten klimatischen Gliederung unseres Raumes liegt das Untersuchungsgebiet im Klimabezirk Nr. 10 und ist durch folgende Parameter gekennzeichnet:

2.4.1 Die Niederschläge

Der mittlere jährliche Niederschlag beträgt 600–700 mm, wobei die Karte von SCHIRMER[2]) zeigt, daß die 700 mm-Isohyete knapp westlich der Aggereinmündung verläuft. Das Niederschlagsmaximum liegt dabei nach den langjährigen Meßergebnissen der Klimastationen Bonn, Siegburg und Wahn im Sommer, das Minimum im Winter (Februar und März).

Monat	Bonn-Poppelsdorf 60 m ü. NN Niederschlag in mm	Siegburg 61 m ü. NN Niederschlag in mm
Januar	40	57
Februar	34	48
März	37	47
April	39	52
Mai	53	60
Juni	64	69
Juli	80	91
August	61	73
September	51	58
Oktober	54	65
November	43	55
Dezember	50	61
Jahr	606	738
Vegetationsperiode	197	220
V.–X.	363	416
XI.–IV.	243	322
IV.–IX.	348	403
X.–V.	258	335

Wie stark einzelne Monatssummen und Tageswerte von solchen langjährigen Mittelwerten abweichen können, zeigen die von BACH[3]) mitgeteilten Werte für den 2. Juni 1903, als in 3½ Stunden in Königswinter 132 mm, in Siegburg 100 mm und in Hennef 94 mm Niederschlag registriert wurden.

Das Siegtal verzeichnet an 120 Tagen im Jahr Niederschlagsmengen von mindestens 1,0 mm, im Sommer treten etwa 2- bis 3mal im Monat Tagessummen von 10 mm auf. Gewitter gibt es hauptsächlich in den Monaten Mai bis August an je 3–4 Tagen, insgesamt etwa 20 im Jahr. In Form von Schnee fällt der Niederschlag nur etwa an 20–26 Tagen, im östlich anschließenden Gebirge etwa die doppelte Zahl. Da in manchen Wintern die Zahl sich hier leicht bei entsprechenden Schneehöhen auf 80 erhöhen kann, sind plötzlich eintretende Tauwetterperioden immer mit Überschwemmungen im Siegmündungsgebiet verbunden.

2.4.2 Die Temperaturverhältnisse

Die Kölner Bucht gehört mit einer Jahresmitteltemperatur von fast 10° C zu den wärmsten Gebieten der BRD; der Jahrgang der Temperatur sieht für Bonn wie folgt aus:

```
 J   F   M   A   M   J   J   A   S   O   N   D   Jahr
2,4 2,9 5,3 8,8 13,8 16,4 18,2 17,2 14,6 9,8 5,8 2,8  9,8°C
```

Hochdruckwetterlagen mit Strahlungsklima führen besonders in den Monaten September und Oktober zur Ausbildung von Topoklimaten, besonders Kaltluftseen in Hohlformen. Die relativ geringe Jahresschwankung der Temperatur von ca. 16° C (18,2 max. und 2,4 min.) spricht für maritimes Klima.

Der Beginn der Vegetationsperiode (Tagesmittel über 5° C) liegt um den 20. März und hält dann durchschnittlich 250 Tage an, d. h. bis zur 3. Oktoberdekade. Dabei sind die ersten und die letzten vier Wochen noch als frostgefährdet zu bezeichnen, zumal die an den Klimastationen ermittelten Hüttenwerte (2 m über dem Erdboden) bekanntlich wenig aussagefähig über die Bodenfrostgefährdung einzelner Geländeabschnitte sind. Nach den offiziellen Meßdaten weist unser Untersuchungsgebiet eine frostfreie Zeit von ca. 190 Tagen auf, die jedoch wegen der Erfassung in 2 m über dem Erdboden und in Abhängigkeit von der Morphologie im konkreten Fall beträchtlich verkürzt sein kann.

Im Gebiet treten durchschnittlich 30 Sommertage (Tagesmaximum ≧ 25° C) und etwa 2–5 heiße Tage (Tagesmaximum ≧ 30° C) auf. Diese Werte sind jedoch wenig aussagefähig, da einzelne Jahre von diesen Mittelwerten äußerst stark abweichen. Ebenso verhält es sich mit der Zahl der Frost- und Eistage.

2.4.3 Die Windverhältnisse

Nach der mittleren Luftdruckverteilung müßten in unserem Gebiet Winde aus West und Südwest am häufigsten sein.

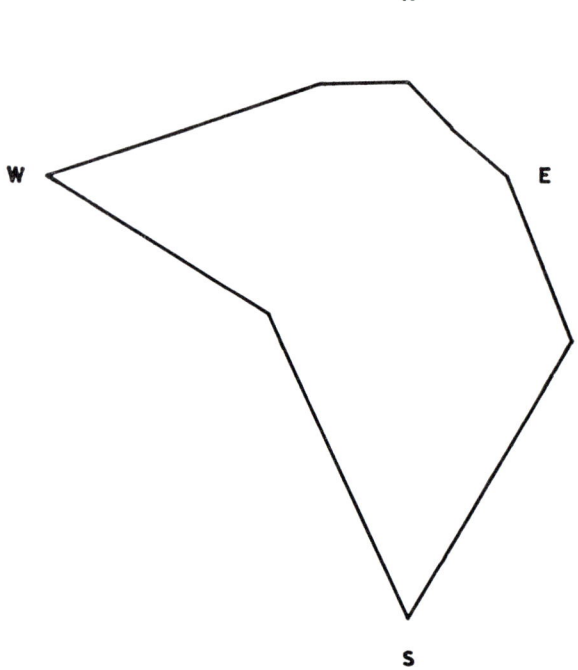

Wie die Windrose der Station Bonn zeigt, erfährt die großwetterlagenbedingte Strömung in den untersten Luftschichten eine orographisch bedingte Beeinflussung, indem die westlichen Winde an den Höhen des Bergischen Landes gestaut und nach Norden und Nordwesten abgelenkt werden. Die dadurch vorherrschenden Südwinde können ungehindert das Siegmündungsgebiet bestreichen. Werden jedoch bei Westlagen größere Windstärken erreicht, dann setzt diese sich auch in unserem Gebiet durch.

In windschwachen bis windstillen Nächten mit Strahlungsklima fließt Kaltluft, die sich auf den Bergischen Hochflächen bildet, dem Rheintal durch das Siegtal zu; diese Erscheinung ist an manchen Tagen durch Talnebelbildung gut zu beobachten.

2.4.4 Bewölkung, Besonnung, Phänologie

Nach den langjährigen Sonnenscheinmessungen der Station Bonn-Poppelsdorf ergibt sich für unser Gebiet ein Jahresmittel von 1150 Stunden, d. h. ca. 35% der astronomisch möglichen Sonnenscheindauer. Die negative Abweichung vom astronomisch möglichen Wert erklärt sich durch recht häufige Bewölkung, die den Himmel im Jahresdurchschnitt etwa zu $^6/_{10}$ verdeckt.

Zur Phänologie ist zu erwähnen, daß der Anfang des Vorfrühlings, gekennzeichnet durch das Aufblühen des Schneeglöckchens, im Siegmündungsbereich bereits in der zweiten Februarhälfte liegt. Der Beginn des Vollfrühlings ist durch den Beginn der Apfelblüte gegen Ende April gekennzeichnet.

Zusammenfassung:

Insgesamt ergibt sich für das Siegmündungsgebiet aus klimatischer Sicht eine Begünstigung z. B. gegenüber den Bergischen Höhen. Im Vergleich etwa zu der sich nach Norden anschließenden Zone intensiver Landwirtschaft auf der restlos entwaldeten Niederterrasse weicht die Siegmündung wie folgt ab:

a) Durch den relativ großen Anteil an offener Wasserfläche in Zusammenhang mit der Morphologie, hier wären auch die Deiche besonders zu nennen, weist die heutige Überschwemmungszone der Siegmündung eine um ca. 5% [4]) höhere relative Luftfeuchte auf als die benachbarten Zonen, wo für die Niederterrasse ein durchschnittlicher Feuchtewert von ungefähr 35% angegeben werden kann (BÜRGENER 1959, S. 22/23). Bei geringeren Windstärken, d. h. bei den bei weitem vorherrschenden unter 7 m/sec. = 25,2 km/h, ist die Siegaue relativ wenig ventiliert und kann ein eigenes Geländeklima ausbilden.

b) Neben einer im Durchschnitt um ca. 5% erhöhten relativen Luftfeuchte zeichnet sich das Geländeklima der Siegmündung insgesamt durch größere Ausgeglichenheit als das der offenen Feldflur der angrenzenden Niederterrasse aus. Die Ausgeglichenheit im Witterungsverlauf ist z. B. dadurch bedingt, daß die im Siegmündungsgebiet häufiger auftretenden Talnebel vormittags die Erwärmung der unteren Luftschichten und des Bodens verzögern, als Ausgleich dafür dann nachts als Schutz gegen starke Abkühlung wirken. Da jedoch wegen der hohen Bodenfeuchte besonders im Frühjahr sich die Bodentemperaturen hier langsamer als auf den trockenen Sandböden der Niederterrasse erhöhen, beginnt die Vegetationsperiode in der Siegaue etwas später. Das Eigenklima der Siegaue kann somit nicht generell als im ökologischen Sinne „besser" bezeichnet werden.

2.5 Die hydrologischen Verhältnisse

Die in der Vergangenheit im Siegmündungsgebiet vorhanden gewesenen Flußschlingen und Tümpel wirkten als Auffangbecken bei Hochfluten, als natürliche Rückhaltebecken, in denen das Wasser zum Stillstand kam und seine mitgebrachten nährstoffreichen Sinkstoffe ablagern konnte.

Der auf die Erhaltung seines Kulturlandes bedachte Mensch empfand diese Hochwässer stets als Katastrophe und baute nach und nach das heutige Deichsystem aus.

So ist durch den solcherart eingeengten Bereich der Hochfluten mit all ihren physikalisch-chemischen und besonders morphologischen Folgen die Zone des potentiellen Auenwaldes durch die Hochwasserdeiche vorgegeben.

Für den natürlichen Auenwald ist das jährliche Hochwasser eine durchaus lebensnotwendige Erscheinung.

Hochwässer treten an der Sieg meist zeitlich mit solchen des Rheines zusammen auf, so daß es sich im Mündungsbereich der Sieg meist um Rückstauhochwasser handelt, was sich etwa bis Siegburg beobachten läßt. Die häufigsten Hochwässer fallen in den Januar; Frühjahrshochwässer Ende März sind als Folge der Schneeschmelze im Gebirge zu sehen, die wiederum die Folge eines großwetterlagenbedingten Witterungsumschwungs darstellt. Parallel zu dem sommerlichen Niederschlagsmaximum kann es auch zur Sonnenwendzeit gelegentlich zu Überschwemmungen kommen. Hierzu läßt sich jedoch keine sichere Prognose stellen, wie die letzten beiden trockenen Sommer (1971 und 1972) gezeigt haben. Im Spätsommer 1971 dürften die Verhältnisse von denen des Jahres 1949 (UHRIG 1953, S. 13) sich kaum unterschieden haben, als die Mündung eine weite Schotterfläche bildete. In anderen Jahren hingegen kam es nach UHRIG (1953, S. 14) zu verheerenden Hochwässern. Halten wir nochmals fest, daß im Auenwald Überflutungen eine durchaus natürliche und lebensnotwendige Erscheinung darstellen und daß durch die Kulturbaumaßnahmen des Menschen diese Zone heute sehr stark eingegrenzt ist.

Im Rahmen einer landschaftsökologischen Betrachtung interessieren außer den Hochwässern vor allem der durchschnittliche Grundwasserflurabstand, der Bodenwasserhaushalt und der Wasserchemismus.

Zum Grundwasserflurabstand läßt sich lediglich sagen, daß er im Schnitt 2 m beträgt, jedoch ganz allgemein einmal sehr stark vom Wasserstand des Rheines und der Sieg abhängig ist, siehe z. B. Rückstauwirkung bis Siegburg, daß andereseits reliefabhängig der Grundwasserflurabstand auf engstem Raume um mehrere Meter wechselt, was eine entsprechend engräumige Abwandlung der Standortsverhältnisse zur Folge hat. Die jahreszeitlichen Schwankungen sind denen der Sieg eng korreliert, d. h., der Grundwasserflurabstand ist in trockenen Sommern sehr groß. Pflanzenverfügbares Wasser entweicht dann aus grobsandigen und kiesigen Lagen sehr schnell, steht aber in feinsandigen und lehmigen Lagen und vor allem in den fossilen Humuszonen zur Verfügung.

Zum Grund- und Bodenwasser c h e m i s m u s ist auf den ökologisch wichtigen Unterschied zwischen dem Sieg- und dem Rheinwasser hinzuweisen.

Beim Austritt der Sieg aus dem Schiefergebirge ist das Wasser sehr weich mit einer Gesamthärte [5] von 4—7 mg CaO/l, das des Rheines weist oberhalb der Siegmündung eine Härte von ungefähr 15° DH auf, unterhalb der Siegmündung fällt dieser Wert auf 4 DH.[6]

Das weiche Wasser der Sieg war für viele Industriezweige, z. B. die chemische Industrie, ein wichtiger Standortfaktor.

Zum Chemismus des Flußwassers kommen heute neben den natürlichen Gegebenheiten die bekannten Erscheinungen der Gewässerverunreinigung, vor allem durch Industrieabwässer; wer die Sieg im Spätsommer und Herbst des Jahres 1971 gesehen hat, der kann sich hiervon ein Bild machen. Da die Menge des eingeleiteten Schmutzwassers konstant bleibt, steigt der Verschmutzungsgrad der Sieg bei abnehmender Wasserführung an und umgekehrt. Für das im wesentlichen von den Auswirkungen der Hochwässer geprägte Standortpotential des Auenwaldes bedeutet dies, daß die Vergiftungsgefahr des Bodens durch Hochwässer relativ gering ist.

2.6 Die Karte der heutigen, potentiellen natürlichen Vegetation (Karte 3)

Die Karte 3 ist erstellt nach Unterlagen der Bundesanstalt für Vegetationskunde, Naturschutz und Landschaftspflege. Bei diesen Unterlagen handelt es sich um die Feldblätter im Maßstab 1 : 25 000, die bei der Kartierung des Doppelblattes Köln/Aachen des begonnenen Kartenwerkes 1 : 200 000 angefallen sind. Die Genauigkeit und damit die Aussagefähigkeit und Interpretierbarkeit der Karte 3 bleiben damit weit hinter dem Darstellungsmaßstab zurück.

Für den hier interessierenden Bereich der Siegmündung sind auf der Karte lediglich zwei potentielle Pflanzengesellschaften dargestellt — der Eichen-Ulmen-Auenwald sowie die Gesellschaft des Weidenwaldes und Mandelweidengebüsches.

Als Bereiche des Weidenwaldes und des Mandelweidengebüsches sind verlandete Altarme und solche Uferbereiche ausgeschieden, die auch bei mittlerem Hochwasser überflutet werden. Der gesamte übrige Bereich der Aue, der ein- bis zweimal im Jahr bei Hochwasser überflutet wird, ist als potentieller Standort des Eichen-Ulmen-Auenwaldes dargestellt. Für unsere Belange wäre eine weitere Untergliederung dieser Pflanzengesellschaft sehr wünschenswert gewesen — es bleibt dennoch als wichtiges Ergebnis folgendes festzuhalten:

a) Der gesamte engedeichte Bereich der Siegaue ist potentieller Auenwaldstandort, trotz aller Veränderungen durch den Menschen.

b) Die ausgedeichten Bereiche der morphogenetischen Einheit „Siegaue" sind bereits als potentielle Standorte des Maiglöckchen-Perlgras-Buchenwaldes ausgeschieden. Entscheidend hierfür ist die heutige Lage dieser Geländeteile außerhalb des Deiches, wenngleich auch bereits die Bodentypenkarte mit den Braunerde-(Sand)-Auenböden (s. Karte 2) einen Hinweis darauf gab, daß diese Gebiete sich bis heute den Standortsverhältnissen der Niederterrasse weitgehend angepaßt haben.

Aus planerischer Sicht ist die Auskunft, daß die gesamte Überschwemmungszone als potentieller Auenwaldstandort anzusehen ist, sehr wertvoll. Damit wird einem progressiven Natur- und Landschaftsschutz die Möglichkeit gegeben, längst zerstörte, naturnahe Biotope wieder neu zu schaffen. Die aktuelle Vegetation wird in Kapitel 3 mitbehandelt.

2.7 Die Tierwelt

Über die Tierwelt können in diesem Rahmen nur ganz grobe Angaben zur generellen Situation gemacht werden — hier sei auf die vorliegenden Spezialuntersuchungen verwiesen.[7]

Im Auenwald spielen Säugetiere nie eine so große Rolle wie in anderen Waldrevieren, es überwiegt hier die Bedeutung der Würmer, Schnecken, Spinnentiere, Insekten, Fische, Lurche und Vögel. Besonders die Vogelwelt der Siegniederung ist wegen ihres Artenreichtums bekannt und schützenswert.

Die niedere Tierwelt muß, will man die Vogelwelt in ihrer Artenvielfalt schützen, unbedingt erhalten bleiben, d. h. deren L e b e n s b e d i n g u n g e n müssen erhalten werden. In einer Auenwaldlandschaft mit zahlreichen Altwässern und Tümpeln finden viele Insektenarten ihre optimalen Lebensbedingungen, was an heißen und schwülen Sommertagen für den Menschen allerdings zur Qual werden kann, wenn ihn Mücken und Bremsen regelrecht zerstechen.

Hier besteht eine ernste Konfliktsituation für den Planer eines zu schaffenden „Naherholungsgebietes Siegmündung", auf die später noch eingegangen wird.

2.8 Der Mensch als Ökofaktor (Karte 4)

Wie in weiten Teilen der mitteleuropäischen Kulturlandschaft stellt auch in unserem Beispiel „Siegmündung" der Mensch einen entscheidenden ökologischen Faktor im Landschaftshaushalt dar. Die Auswirkungen menschlicher Eingriffe lassen sich gut an den jeweils betroffenen Teilsystemen aufzeigen.

2.8.1 Der Einfluß des Menschen auf Morphologie, Boden, Vegetation und die heutige Bodennutzung [8]

Auf die anthropogen bedingten Veränderungen durch den Menschen im Gebiet der Siegaue auf die Morphologie und auf die Böden ist bereits in den Kapiteln 2.2 und 2.3 ausführlich eingegangen worden. Durch die Flußbegradigungen kam es zu einer Laufverkürzung und damit u. a. zu einem Verlust an ufergebundenen Laich- und Brutplätzen, Schlupfwinkeln und Futterplätzen. Insbesondere die ehemaligen Mäander der Sieg waren die natürlichen Laichgründe für die Fische, durch ihre Abschnürung wurden sie zu Altarmen, die zunächst diese Funktion noch behielten, im Zuge des natürlichen Verlandungsprozesses diese jedoch verloren.

Die heutige Vegetation und die Formen der Bodennutzung sind weitere beredte Beispiele für das Ausmaß menschlichen Eingriffes. Vielen Menschen mag die Siegmündung noch relativ naturnah erscheinen, in Wirklichkeit ist sie in ihrem Pflanzenbestand weit vom ursprünglichen Zustand entfernt.

Die ersten Eingriffe erfolgten sicherlich durch die Bewohner der am Niederterrassenrand beiderseits der Siegaue gelegenen Dörfer durch Befischen der Sieg und durch Waldweide. Die flußbegleitenden Weidensäume (Salix alba und S. fragilis bzw. häufiger der Bastard von beiden) und zusätzliche Anpflanzungen wurden von Korbmachern als Kopfweiden genutzt; man findet Reste solcher Anpflanzungen auch heute noch in feuchten Senken.

Etwa bis ins vorige Jahrhundert beschränkten sich die Eingriffe des Menschen auf die genannten Formen, und die Siegmündung war bis dahin von einem urwüchsigen, naturnahen Auenwald eingenommen. Durch die wasserbaulichen Maßnahmen der Folgezeit und die direkten Eingriffe in den Pflanzenbestand kam es zu dem heutigen Zustand eines weitgehend veränderten Pflanzenkleides. Um eine ungefähre Vorstellung dieser Veränderungen zu geben, sei versucht, den ursprünglichen Auenwald in groben Zügen zu schildern.

An den Uferzonen gedieh ein dichtes Weidengebüsch, dem sich Silberpappeln (Populus alba) anschlossen, beide zusammen bildeten die sogenannte „Weichholzaue". Darauf folgte die breite Zone der „Hartholzaue" in folgender Zonierung: In etwas höheren, d. h. grundwasserferneren Lagen wuchsen die Stieleiche (Quercus robur) und die Feldulme (Ulmus campestris), den Übergang zum Laubmischwald der Niederterrasse bildeten Hainbuche (Carpinus betulus) und Feldahorn (Acer campestre). Stellenweise wuchsen Esche (Fraxinus excelsior) und Schwarzerle (Alnus glutinosa). Die sehr dichte Strauchschicht des Auenwaldes der Sieg bildeten Hasel (Corylus avellana), Schwarzer Holunder (Sambucus nigra), Schneeball (Viburnum opulus), Schlehdorn (Prunus spinosa), wilde Rosen u. a. Darunter breitete sich eine artenreiche Krautschicht aus.

Vergleicht man diesen ursprünglichen Zustand mit den heutigen Verhältnissen, so stellt man fest, daß vom ehemaligen Auenwald in der Siegmündung nicht viel mehr geblieben ist. Reste dieses ursprünglichen, naturnahen Auenwaldes finden sich heute nur noch an zwei Stellen (s. Karte 5). Dennoch gilt unter Botanikern der Kulturauenwald der Siegmündung als einer der besterhaltenen am Rhein.

Dieser Kulturauenwald konzentriert sich heute auf zwei Bereiche, einem östlichen, südlich der Sieg zwischen Meindorf und Menden gelegenen und einem westlichen, weniger zusammenhängenden, westlich einer Linie Ortsmitte Müllekoven—Autobahndreieck Bonn—Beuel.

Die ehemalige Strauchschicht ist bis auf wenige Bereiche völlig verschwunden, anstelle der artenreichen Krautschicht finden sich Fettwiese oder -weide. Am augenfälligsten werden die Veränderungen auch dem Laien in den heutigen Bodennutzungen, zumal dann, wenn innerhalb der Deiche Ackerbau betrieben wird, wie z. B. in weiten Bereichen südlich von Bergheim oder westlich Meindorf. Hier ist die Umwandlung von ehemaligem Auenwald zu Kulturland bis heute am weitesten fortgeschritten.

Bis auf einige Kernzonen und angepflanzte Pappelbestände gleicht der heutige Auenwald einer städtischen Parklandschaft mit Wiese und weitständigen Pappeln und Eichen.

2.8.2 Veränderungen der Atmosphäre

Außer den im Kapitel 2.4 zum Klima bereits erwähnten geländeklimatischen Veränderungen durch Trockenlegungen, Abholzungen, Deichbauten etc. müssen hier die Immissionen zumindest erwähnt werden. Hierzu lassen sich allerdings aufgrund der vorliegenden Veröffentlichungen der Landesanstalt für Immissions- und Bodennutzungsschutz keine sehr detaillierten Angaben machen, da im Untersuchungsgebiet bisher nur die Schwefeldioxid-Grundbelastung ermittelt wird.

Danach ergibt sich für die Meßzeit vom 1. 11. 1968–31. 10. 1969 (s. Heft 20 der Schriftenreihe der Landesanstalt...) für unser Gebiet östlich der Bergheimer Fähre ein Jahresmittelwert von $I_1 \leq 0,10$ mg/m^3 und eine Maximalkonzentration von $I_2 \leq 0,40$ mg/m^3. Lediglich für ein Meßquadrat (1 km^2) nördlich des Bahnhofes Menden sind die jeweils nächst höheren Immissionskenngrößen ausgewiesen, also: $I_1 \geq 0,11$ bis $\leq 0,20$ mg/m^3 und $I_2 \geq 0,41$ bis $\leq 0,60$ mg/m^3. Die folgende Meßzeit vom 1. 11. 1969–31. 10. 1970 weist auch für die Siegaue zwischen dem Sportplatz nordwestlich Meindorf bis zur neuen Autobahnbrücke bereits eine Zunahme des I_2-Wertes (Maxi-

17

malkonzentration) auf $I_2 \geq 0{,}40$ bis $\leq 0{,}60$ mg/m³ auf — das z. Z. laufende Meßprogramm dürfte nach Inbetriebnahme der Autobahn nicht nur für diesen oberen Bereich, sondern für das gesamte Untersuchungsgebiet eine Zunahme der Gesamtbelastung durch die Autoabgase und Aerosole bringen. Untersuchungen der Gesamtimmissionsbelastungen in Form eines Immissionskatasters wurden für die Stadt Köln gerade vorgelegt und sollen in Zukunft für Duisburg und andere industrielle Ballungskerne erstellt werden; für unser Gebiet ist nichts Entsprechendes geplant. Richtwerte über maximale Immissionsbelastungen von Erholungsgebieten liegen z. Z. nicht vor, ebenso stecken Untersuchungen über die witterungsabhängige räumlich-zeitliche Ausbreitung von Emmissionen noch in den Anfängen. Es wäre wünschenswert, wenn bald mit Hilfe von anwendbaren Diffusionsmodellen auch über wetterlagenbedingte Spitzenbelastungen in Erholungsgebieten Prognosen erstellt werden könnten.

Als weitere negative Beeinflussung der Atmosphäre durch den Menschen hat die Lärmbelästigung zu gelten, die bisher durch den Flughafen Hangelar (Hubschrauber des Bundesgrenzschutzes mit einer Steiglinie Flugplatz—Müllekoven) schon recht groß war. Die Lärmbelästigung hat durch die neue Autobahn sehr stark zugenommen, besonders im Bereich südlich der Sieg. Durch die geplante Straße über die Sieg (s. Karten 1 und 4) werden sich Lärm- und Immissionsbelastung weiter erhöhen. Sollte gar die von der Bundesbahn geplante Fernschnellbahn durch die BRD auch noch, wie auf Karte 4 dargestellt, das Untersuchungsgebiet kreuzen, was bei einer rechtsrheinischen Führung wahrscheinlich ist, dann dürfte zumindest die Lärmbelästigung ein Ausmaß erreichen, welches weit über dem zu tolerierenden liegt. Die negativen Auswirkungen auf den Raum als Freizeit- und Erholungsgebiet sind medizinisch unbestreitbar, auch dann, wenn es den Besuchern selbst nicht in vollem Umfang bewußt wird.

2.8.3 Veränderungen der Hydrosphäre

Wie alle unsere Flüsse ist auch die Sieg durch Abwässer aller Art stark verschmutzt und damit von einem natürlichen Zustand weit entfernt. Der heutige Zustand der Sieg läßt sich in etwa durch folgende Angaben charakterisieren: [9]

Der Verschmutzungszustand der Sieg gilt nach der vierstufigen Skala wenig — mäßig — stark — sehr stark zwischen Siegburg und Troisdorf flußabwärts als „stark" und „sehr stark" verschmutzt, durch den Zufluß der Agger kommt es dann zu einer Auffrischung und natürlichen Selbstreinigung, so daß aufgrund dieser Unterlagen der gesamte Bereich unseres Untersuchungsgebietes als „mäßig verschmutzt" eingestuft werden kann. Die erfolgten Begradigungen und der vollzogene Ausbau der Sieg setzen die biologische Selbstreinigungskraft herab. Folgende Angaben mögen die Situation im einzelnen abschließend verdeutlichen:

Angaben zur Verschmutzung	Rhein oberhalb der Siegmündung bei Mehlem	Sieg an der Mündung	Rhein unterhalb der Siegmündung
	mg/l	mg/l	mg/l
BSB_5	8,5	8,1	8,9
Ammoniak	0,9	0,4	0,8
Nitrit-Ionen	0,3	0,1	0,1
Nitrat-Ionen	13,0	15,4	7,5
Chlorid-Ionen	125,0	25,0	130,0
Phenole	0,03	0,02	0,03
Detergentien	0,01	0,02	0,01

Die Aufstellung zeigt, daß der Rhein, hier im gesamten Mittelrheintal bis Köln ebenfalls als „mäßig verschmutzt" eingestuft, durch die Sieg z. Z. keine Auffrischung erfährt.[10]

Die Komplexwirkung all dieser Verschmutzungsstoffe läßt sich am Rückgang des Fischbestandes sehr gut verdeutlichen. Früher wurde die zur Barbenregion zählende untere Sieg berufsmäßig befischt — die Sieg galt allgemein als sehr fischreich. Die Gewässer gehörten zur Allmende. Noch heute besteht die Fischereibruderschaft, die im Jahre 1987 ihr tausendjähriges Bestehen feiern wird. Die Entwicklung von Mondorf und Bergheim von ehemaligen Fischerdörfern zu ihrer heutigen Berufsstruktur (s. z. B. SANDER 1970) zeigt sehr eindrucksvoll die Auswirkungen der Veränderung ökologischer Bedingungen bis hinein in die Sozial- und Wirtschaftsstruktur. Ein Lachsfischer z. B., würde er noch so viel wie früher fangen können, wäre bei den heutigen Preisen für Lachs ein wohlhabender Bürger. Hier sei erwähnt, daß der Lachs etwa bis zur Mitte des vorigen Jahrhunderts zur sehr unbeliebten, täglichen Kost der Mägde und Knechte gehörte.

Wurden im Jahre 1917 noch 100 Lachse gefangen, so waren es 1925 nur noch 16 und heute wird kein Lachs mehr gefangen; geblieben sind die resistenten Arten Aal, Barbe und Rotauge.

3 Die Ökotope des Untersuchungsgebietes (Karte 5)

Die folgenden Ausführungen über die nach Relief, Boden, Wasserhaushalt, Klima, Vegetation und Tierwelt ausgeschiedenen landschaftsökologischen Grundeinheiten, hier Ökotope genannt, vermögen über den biotischen Komplex nur relativ allgemeine Aussagen zu vermitteln; aus zweierlei Gründen:

1. Die Untersuchungen UHRIGS (1953) haben gezeigt, daß es äußerst schwierig ist, in jedem Ökotop die Biocoenose vollständig zu erfassen, ebenso zeigt die Untersuchung von KRAMER (1970) keine echte Zuordnung der Fauna zu bestimmten Biotopen.

2. Im Sinne der hier zugrunde liegenden Fragestellung, Schutzzonen verschiedensten Grades innerhalb eines als Tageserholungsanlage geplanten Gebietes (s. NWP 75) auszuweisen, war Verf. der Meinung, daß Einheiten ausgeschieden und beschrieben werden sollten, die eine unkomplizierte Entscheidung über ihre künftige Nutzung erlauben.

Es muß deshalb erwähnt werden, daß es sich bei den hier ausgeschiedenen Ökotopen um Kulturökotope handelt, d. h. die derzeitige Nutzung, der heutige Zustand, nicht der potentiell mögliche oder irgendein früher einmal vorhanden gewesener ist bei der Abgrenzung berücksichtigt worden. Ungeachtet dessen wurden in der Planungskonzeption (s. Karte 6) diese heute real vorhandenen Einheiten nach ihrem Potential zu größeren Planungseinheiten zusammengefaßt. Dieses Vorgehen kann auch nicht weiter verwundern, da zwei völlig gleiche Standorte im Moment zwar verschieden genutzt sein können, durch die Tätigkeit des Menschen in ihrem relativ stabilen abiotischen Geofaktorenkomplex (Gestein, Boden, Wasser und Klima) sich jedoch so ähnlich geblieben sind, daß sich überall z. B. die gleiche Vegetation einstellen würde.

Die Karte 5 bildet außerdem z. T. auch Ökotopgefüge, z. B. im Bereich der Gewässer und des Auenwaldes ab, da es bei dem vorgegebenen Maßstab nicht möglich ist, innerhalb dieser Bereiche noch kleinere Zonen auszuscheiden.

Die Beschreibung der Einheiten erfolgt analog dem Aufbau der Legende in Karte 5 — kann also auch als Erläuterung zu Karte 5 gelesen werden.

3.1 Hochwasserbeeinflußte Ökotope

3.1.1 Stehende Gewässer und verlandende Altarme

Der Aufbau dieser Lebensstätten ist relativ gesehen einfacher als z. B. der fließender Gewässer, da die Zusammensetzung des Untergrundmaterials hier in etwa gleich ist. Bei Hochwasser stehen diese Hohlformen mit der Sieg in Verbindung, sonst sind sie von Grundwasser erfüllt. Während der Sommermonate der beiden Trockenjahre 1971 und 1972 war das Grundwasser so tief gesunken, daß diese Arme trockenfielen, so daß der an den Angelverein Beuel verpachtete Altarm „Gyssel" nicht befischt werden konnte. Im Normalfall ergibt sich folgender Aufbau: Offener Mittelstreifen mit den Teillebensstätten Lemna-(Wasserlinsen)-Decke und auf dem schlammigen Boden ein submerser Characeenrasen. Zu den Rändern hin folgen dann die für den Verladungsprozeß eutropher Gewässer typischen Verlandungsstadien Schwimmblattpflanzengürtel auf Mudde, Teichröhrichtgürtel auf Schilftorf (besonders am Gleithang des Gyssel) und Großseggenwiese auf Seggentorf. Der als äußerste Verlandungsstufe zu erwartende Erlenbruchwald ist im Untersuchungsgebiet durch Wiesen ersetzt. Diesen idealen Aufbau eines verlandenden Altarmes zeigen nur noch sehr wenige Beispiele an der unteren Sieg (s. Karte 5), die meisten sind bereits bis auf wenige feuchte Restsenken verlandet und heute von feuchter Fettwiese eingenommen.

Wie bereits erwähnt, stellen noch nicht verlandete Altarme in einem Auenwald wichtige Ökotope dar — in einem Gebiet wie dem unseren würden sie für einen künftig gewünschten naturnahen Auenwald wichtige Regenerationsfunktionen übernehmen können.

Unverlandete Altarme sind z. B. die Lebensstätte [11] von Karpfen, Karausche und Schleie, im Schwimmblattgürtel brüten Lappentaucher und Enten, im Schilfröhricht ebenfalls Enten, Rohrsänger, Dommeln u.v.a. Die sich anschließende Großseggenwiese ist der bevorzugte Biotop zahlreicher Lurche, auf den benachbarten Uferwiesen brüten u. a. Kiebitze und andere seltene Watvögel sowie die ausgesetzten Fasane.

Erwähnt sei noch, daß aus dem üppigen Schwimmblattpflanzengürtel der unverlandeten Altarme auf ein sehr nährstoffreiches und auch im Winter gut temperiertes Milieu geschlossen werden kann, was bedeuten würde, daß auf ganz natürliche Art und Weise über verschiedene Sukzessionsstufen diese Altarme verlanden und sich zu einem Weichholzauenstandort entwickeln würden. Dadurch verlören sie die wichtige Funktion als Laich- und Brutstätte, was in einem natürlichen Auenwald nicht weiter von Bedeutung ist, da diese Funktionen von inzwischen neu entstandenen Seitenarmen des Hauptflusses übernommen werden. Da sich in unserem Fall wegen der wasserbaulichen Maßnahmen keine neuen Altarme mehr bilden können, sollten die vorhandenen und zu schaffenden künstlich erhalten werden, indem der natürlichen Verlandung durch Spülen, Baggern o. ä. begegnet wird.

3.1.2 Fließende Gewässer

Läßt sich der Aufbau eines verlandenden Altarmes noch relativ genau beschreiben, so wird diese Möglichkeit in einem fließenden Gewässer wesentlich eingeschränkt, da sich z. B. auf ganz natürliche Art und Weise je nach Verhalten des Flusses die Ökotope dieses Ökotopenmosaiks ständig verändern und räumlich verlagern. So müßte z. B. eine genaue Analyse des Gesamtsystems „Sieg" Teilbereiche wie offene Wasserregion, Boden- und Uferregion gesondert erfassen, da hier überall eigene Ökosysteme existieren. So müßte z. B. in einer Spezialuntersuchung die Uferregion in Schotter-, Kies- und Sandufer oder auch in Steil- und Flachuferzonen untergliedert werden, um dann innerhalb dieser kleinsten Biotope das gesamte Leben zu erfassen und in einem weiteren, planerisch wichtigen Untersuchungsschritt die Bedeutung dieser kleinsten Biotope für das gesamte Ökosystem der Sieg aufzuzeigen versuchen. Da sich bei dem dieser Untersuchung zugrunde gelegten Maßstab 1 : 25 000 eine derartige Unterteilung verbietet, soll auf diese Einheiten hier nicht näher eingegangen werden, zumal innerhalb des Ökosystems der Sieg die Wasserverschmutzung alles andere an Bedeutung übertrifft und die hier angeschnittenen Fragen und Untersuchungen erst im Zusammenhang mit einer generellen Sanierung der Sieg relevant würden.

3.1.3 Auenwald

Hierher gehören alle in Karte 5 aufgeführten, noch nicht behandelten hochwasserbeeinflußten Einheiten, die sich durch anthropogene Veränderungen g r a - d u e l l vom ursprünglichen Auenwald entfernt haben. Hierzu zählen die Ökotypen „naturnahe Auenwaldkernzone", „parkartiger, naturnaher Auenwald", „Pappelkulturen", „Pappelkulturen mit Grünland", „Weidengebüsch", „Auen-Feldflur", „Auen-Heide", „Auen-Wiese".

Diese verschieden stark anthropogen geprägten Ökotypen sollen im folgenden kurz vorgestellt werden, wobei hier gegenüber der Karte 5 eine Reihenfolge gewählt wird, die sich am Grad der anthropogenen Beeinflussung orientiert.

3.1.3.1 Naturnahe Auenwaldkernzone

Im natürlichen Auenwald sind Varianten und engräumige Unterschiede durch das Kleinrelief und damit vom Grundwasserflurabstand abhängig, außerdem von der Überflutungshäufigkeit. Reste des ausführlicher in Kapitel 2.8.1 geschilderten natürlichen bzw. naturnahen Auenwaldes finden sich im Siegmündungsgebiet derzeit noch an zwei Stellen — im Bereich der Altarme „Höttche" und „Gyssel" (s. Karte 4 und 5). Innerhalb dieser Bereiche ist der natürliche Stockwerkbau des Auenwaldes noch relativ vollständig erhalten, d. h. es existiert noch eine Strauchschicht und vor allem eine sehr artenreiche Krautschicht. Beide genannten Zonen gehören in den Bereich der sog. Weichholzaue, d. h. in mittelfeuchten Lagen herrscht die Pappel vor, in feuchten Lagen findet sich noch Uferweidengebüsch. Heute anzutreffende Weidengebüsche gehen allerdings auch auf das frühere Korbmachergewerbe zurück, diese heute durchgewachsenen Kopfweiden wurden vom Menschen innerhalb der Zone der Weichholzaue künstlich angepflanzt und haben dann nichts mit dem noch zu behandelnden Uferweidengebüsch zu tun. Eine derartige Zone mit vielen Kopfweiden innerhalb eines recht gut erhaltenen Pappelbestandes findet sich auf dem Südufer ca. 600 m westlich der Fähre — das Gebiet ist deswegen in Karte 5 mit als naturnahe Auenwaldkernzone angesprochen und in Karte 6 als sofort zu schützender Bereich ausgewiesen worden, um auch dieses kleine Stück eines sehr naturnahen und doch deutlich sichtbar menschlich beeinflußten Auenwaldrestes zu erhalten.

3.1.3.2 Weidengebüsch

Das flußbegleitende Uferweidengebüsch ist als Vorstufe zum eigentlichen Auenwald aufzufassen, es setzt sich hauptsächlich aus Silberweiden (Salix alba) zusammen, es kommen außerdem jedoch beinahe alle unsere heimischen Weidenarten und deren Bastarde vor. Diese auch als „Weidenau" zu bezeichnende Uferrandzone ist von einem dichten Staudenwerk des eingeschleppten Topinambur (Helianthus tuberosus) durchsetzt. Die Krautschicht wird von der Mädesüßflur und der Brennesseluferflur gebildet. Im Kronenbereich finden sich neben den verschiedenen Weidenarten vor allem noch Wilder Hopfen (Humulus lupus) und die Zaunwinde (Convolvulus sepium).

Das Weidengebüsch säumt heute nur noch wenige Teile der Siegufer und der Altarme, oft von Teichröhricht durchsetzt. Es erfüllt als natürlicher Uferbefestiger auch eine wichtige morphologische Funktion, es wäre daher wünschenswert, wenn bei künftigen wasserbaulichen Maßnahmen diese Möglichkeit des Lebendverbaus stärker als bisher genutzt würde. Außerdem bieten die Weidengebüsche der Vogelwelt zahlreiche Brutplätze, so daß ein verstärkter Lebendverbau auch im Interesse des Vogelschutzes wäre (s. KRAMER 1970, S. 12).

3.1.3.3 Parkartiger naturnaher Auenwald

Der Ökotop „parkartiger naturnaher Auenwald" ist anzutreffen in Bereichen, die nach ihrem Standortpotential als Hartholzaue anzusprechen sind. Auf kleinen, etwas erhöhten Buckeln finden sich heute noch Stieleichen (Quercus robur) — die früher ebenfalls an solchen Standorten anzutreffende Feldulme (Ulmus campestris) ist heute an der Sieg nahezu ausgerottet, seit der Splintkäfer (Scolytus) den Pilz Graphium ulmii auch hierher getragen hat. Dieser Ökotop wird bei Hochwasser nicht immer überflutet, der Grundwasserflurabstand ist größer als in der Weichholzaue und der Bodenwasser- und -lufthaushalt entspricht schon mehr dem eines nur schwach grundwasserbeeinflußten Standortes.

Da die erhalten gebliebenen Eichen sehr weitständig sind, trifft die Bezeichnung Park die Verhältnisse sehr allgemeinverständlich. Dort, wo der Eichenbestand sehr stark ausdünnt, wird der Übergang zu der Einheit „Auen-Wiese" sehr fließend.

Wie durch die Bezeichnung „parkartiger Auenwald" bereits angedeutet ist, fehlt hier heute die Strauchschicht gänzlich und die ehemalige Krautschicht ist durch eine trockene Variante der Fettwiese bzw. -weide ersetzt, für die etwa das Echte Labkraut (Galium verum) eine charakteristische Pflanze darstellt.

Für die Planung ist von Bedeutung, daß die auf Karte 5 ausgeschiedenen Einheiten „naturnaher parkartiger Auenwald" und „Auen-Wiese", beide durch fließende Übergänge miteinander räumlich verbunden, nach ihrem Wuchspotential beide einer Einheit, nämlich der Hartholzaue, zuzurechnen sind, in die nur inselhaft in etwas tieferen Lagen potentielle Weichholzauenstandorte eingestreut sind.

3.1.3.4 Pappelkulturen (mit Grünland)

Die mittelfeuchten Lagen der untersten Sieg bieten mit ihrem Nährstoff- und besonders dem nur hier vorhandenen Kalkgehalt (s. Karte 2), dem gut durchlüfteten Substrat und dem fließenden Grundwasser einen optimalen Pappelstandort.

Die Pappelkulturen auf der Nordseite der untersten Sieg bestehen im wesentlichen aus angepflanzten Kulturpappeln, die mit der früher bevorzugten Kanadischen Pappel nicht mehr viel zu tun haben; heute wird vorwiegend die Spätpappel (P. serotina) angepflanzt, daneben werden mehrere andere Zuchtformen wie etwa P. marylandica, P. regenerata, P. robusta, P. bachelierii u. a. verwendet, die sich allesamt durch große Widerstandsfähigkeit auszeichnen. Diesem Kulturauenwald fehlt jegliche Strauchschicht, die Krautschicht bildet die Fettwiese mit den für die Siegniederung typischen Arten wie Beinwell (Symphytum officinalis) und Rote Lichtnelke (Melandrium rubrum).

Dort, wo der Standort der Weichholzaue in die Hartholzaue übergeht, d. h. in etwas trockeneren Lagen, werden die Pappeln weitständiger und die Fettwiese bestimmt das Bild. An anderen Standorten, in typischer Weichholzauenlage, stehen die Kulturpappeln sehr eng und die Krautschicht wird fast ausschließlich von der Brennessel gebildet.

3.1.3.5 Auen-Wiese, Auen-Feldflur, Auen-Heide

Die auf Karte 5 ausgeschiedenen Ökotope Auen-Wiese, Auen-Feldflur und Auen-Heide sind alle innerhalb der Hartholzaue gelegen. Wie bereits erwähnt, sind die Übergänge zwischen dem parkartigen naturnahen Auenwald und der Auen-Wiese oft sehr fließend. Ebenso fließend ist der Übergang zwischen der Auen-Wiese und der in Anlehnung an UHRIG (1953) ausgeschiedenen Auen-Heide, eine besonders trockene, an Sandboden gebundene Sonderform der Hartholzaue. Am Nordufer der Sieg, in Höhe des Meindorfer Sportplatzes, findet sich hier ein Bereich mit charakteristischer Vegetation wie z. B. Zypressenwolfsmilch, Thymian, Fiederzwenke u. a.; Leinkraut und Flockenblume sind bereits als Vertreter des Trockenrasens anzusehen.

Es handelt sich bei diesem etwas erhöhten Gelände (s. Karte 1) entweder um Material, welches aus dem direkt westlich benachbarten verlandeten Altarm ausgeweht wurde, oder aber um eine alte Sandbank, vielleicht auch um eine verlagerte Düne. Der heute als Weide genutzte Standort muß in den letzten 20 Jahren einer Nutzungsintensivierung unterzogen worden sein, da UHRIG (1953, S. 150) noch ein von Besenginsterheide bestandenes Ödland kartiert hat, während heute vom Besenginster nur noch kümmerliche Reste vorhanden sind.

Obwohl die Nutzung als Wiese vorherrscht, werden auch einige Bereiche als Jungviehweide genutzt — im Spätherbst und Winter wird das gesamte Grünland als Schafweide genutzt.

Der Typ Auen-Feldflur ist besonders auf dem Nordteil der Siegaue verbreitet, wobei aus maßstabsbedingten Darstellungsgründen in dieser Einheit Ackerbauflächen, Obst- und Gemüsegärten und Obstwiesen zusammengefaßt worden sind. Alle diese Flächen sind potentielle Standorte der Hartholzaue.

3.1.3.6 Die Tierwelt innerhalb der Auenwaldzone

Wie bereits erwähnt, ist es äußerst schwierig, im Rahmen einer derart kurzen Untersuchung Angaben über die an einzelne Biotope bzw. Ökotope gebundene Tierwelt zu machen. Es werden daher im folgenden in Anlehnung an UHRIG (1953) und KRAMER (1970) sehr allgemein gehaltene Ausführungen zu diesem Themenkomplex folgen, die, und das sei ausdrücklich hervorgehoben, lediglich dem Planer die Artenvielfalt des Untersuchungsgebietes nochmals in gedrängter Form vermitteln sollen. Es wird weder ein Anspruch auf Vollständigkeit erhoben noch wird behauptet, daß die genannten Arten die wichtigsten Teilglieder des jeweiligen Landschaftshaushaltes darstellen — dazu müßte bekanntlich eine jahrelange Untersuchung sich z. B. ausschließlich mit den Bodenlebewesen befassen.

Die wahre Bedeutung der Siegniederung ließe sich z. B. durch einen Vergleich zu den angrenzenden Niederterrassen oder der Rheinaue am anschaulichsten aufzeigen — das muß jedoch einer speziellen zoologischen Untersuchung vorbehalten bleiben. Innerhalb des Auenwaldes lebt eine sehr artenreiche Fauna, die hier nur ganz kurz gestreift werden kann; UHRIG (1953, S. 124) schätzt die im Untersuchungsgebiet vorkommenden Arten auf 2000—3000. Die Kleintiere der Wiesen, d. h. Würmer, Spinnen, Käfer, Heuschrecken u. a. bilden die Hauptnahrungsgrundlage für einen Großteil der Singvogelwelt der Siegniederung, deren Artenzahl auf ca. 80 geschätzt wird.

Das Weidengebüsch ist eine wichtige Lebensstätte für zahlreiche Insekten, so z. B. Bienen, Hummeln, Wespen, Zikaden, Weichkäfer, Brummfliegen, Bockkäfer, Schnaken, Raupen des Weidenbohrers, des Lindenschwärmers usw. Auf diesem Insektenreichtum beruht der bemerkenswerte Vogelreichtum in dieser Lebensstätte. Zu den Brutvögeln der Weidenau zählen etwa: Turteltaube, Steinkauz (brütet in hohlen Weidenstämmen), Wendehals, Rotrückiger Würger, Sumpf- und Weidenmeisen, Gartengrasmücke, Weidenlaubsänger, Teich-, Sumpf- und Drosselrohrsänger, Zaunkönig u.v.a.

Noch reicher jedoch ist das Leben in der Pappel- und der Eichen-Ulmen-Au entfaltet; hier seien nur einige an der Sieg häufige Arten aufgezählt (nach UHRIG 1953, S. 126): Hummeln, Hornissen, Mauerbienen, Wespen, Schwebfliegen, Wollschweber, Stechmücken, Aas- und Fleischfliegen, Totengräber, Mistkäfer, Maikäfer, Weichkäfer, Leuchtkäfer, Libellen, Ameisen, Wolfsspinnen, Schmetterlinge, besonders Zitronenfalter, Tagpfauenauge und Aurorafalter. Unter den Nachtfaltern sind besonders der Ligusterschwärmer, Holunderschwärmer, Gabelschwanz, Blatt- und Gallwespen, Gallmilben und -läuse neben vielen anderen zu nennen.

Wie eingangs erwähnt, soll mit dieser Aufzählung versucht werden, dem verantwortlichen Planer lediglich einen Eindruck von der Artenvielfalt zu vermitteln — eine Erfassung der Lebensgemeinschaften ist damit natürlich in gar keiner Weise gegeben — so etwas würde jahrelange Arbeit von Spezialisten erfordern. In dieser Untersuchung geht es nur darum, durch Nennung einiger der häufigsten Tier- und Pflanzenarten die ökologische Bedeutung der auf Karte 5 dargestellten Raumtypen **anzudeuten** und damit einen Hinweis auf ihre Bedeutung im Ökotopgefüge der Siegmündung zu geben. Neben den o. a. Insekten ist der Auenwald durch eine artenreiche Mollusken- und Amphibienfauna gekennzeichnet; besonders bemerkens- und schützenswert ist allerdings die Vogelwelt. **Man kann jedoch die Vogelwelt nicht erhalten, ohne deren Lebensgrundlage zu erhalten!** Die Zahl der hier brütenden Singvogelarten beläuft sich auf ca. 50, dazu kommen ca. 30 Arten als Wintergäste und Durchzügler. Der großen Zahl wegen fallen jedem die vielen Rabenkrähen und Elstern auf, von den übrigen Arten seien folgende genannt (nach UHRIG 1953 und KRAMER 1970):

Eichelhäher, Dohlen, Pirol, Amseln, Singdrossel, Goldammer, Meisen (fast alle Arten), Baumläufer, Kleiber, Laubsänger, Braunkehlchen, Buchfink, Feldsperling u. a. Im parkartigen Auenwald und in den Auen-Wiesen leben nicht so viele und auch andere Arten, etwa: Lerche, Kuhstelze, Star, großer Brachvogel, Wachtelkönig und, besonders auf dem Kemper Werth, der Kiebitz.

An Niederwild trifft man in der Siegaue folgende Arten an: Feldhase, Wildkaninchen und Fuchs; Hoch- und Schwarzwild gibt es an der Sieg nicht.

Wie die Karte 5 zeigt, wird die Siegaue von insgesamt elf Ökotopen zusammengesetzt, von denen nur fünf (in der Kartenlegende die obersten) als relativ naturnah anzusehen sind; die anderen sind mehr oder weniger stark vom Menschen in Nutzung genommen, am stärksten die Auen-Feldflur. Das Weidengebüsch wird nicht genutzt — es steht unter Naturschutz als Brutstätte für nützliche Singvogelarten. Die auf das ehemalige Korbmachergewerbe zurückgehenden Korbweiden in Senken der Pappel-Au werden heute nicht mehr genutzt.

3.1.3.7 Ökotop „Deich"

Dieser vom Menschen geschaffene Ökotop stellt bis auf den westlichen Bereich auf der Nordseite und den östlichsten auf der Südseite die Grenze zwischen der durch Hochwasser beeinflußten Aue und dem hochwasserfreien Gelände dar. Die ökologische Bedeutung des Deiches besteht vor allem darin, daß weite Bereiche ehemaligen Auengebietes nicht mehr überflutet und heute vom Menschen als Ackerland (Polderland) intensiv genutzt werden. Er bildet pflanzensoziologisch die Grenze zwischen den relativ naturnahen Gesellschaften der Aue und den Ackerunkrautgesellschaften des Polderlandes. Zu erwähnen wären höchstens die in Erdlöchern lebenden Deichbienen.

3.2 Hochwasserunbeeinflußte Ökotope

Über die hochwasserunbeeinflußten Ökotope soll in diesem Rahmen nur folgendes ausgeführt werden:

Das Polderland ist ehemaliges Auengelände, welches heute intensiv ackerbaulich genutzt wird. Faunistisch bestehen hingegen noch enge funktionale Beziehungen zum Auenwald, da die meisten Säugetiere, Vögel und auch die Insekten zwischen Feldflur und Auenwald hin- und herwechseln. Charakteristische Arten der Feldflur sind etwa: Wachtel, Zaunammer, Steinschmätzer, Lerchen und Feldsperling. An Kulturfrüchten sind im Polderland Kartoffeln, Rüben, Rhabarber, Erdbeeren, Kohl, Hafer, Roggen und Klee anzutreffen. Insgesamt gilt das Polderland als sehr fruchtbares Ackerland, wo in Trockenjahren die Erträge um bis zu 35% über denen der Niederterrassenäcker liegen sollen; allerdings ist auch der Schädlingsbefall in diesem feuchtwarmen Geländeklima höher als auf der Niederterrasse.

Die morphogenetische Grenze Niederterrasse-Aue bildet dort, wo sie als ehemaliger Sieg-Prallhang auch heute noch als Stufe von ca. 8—10 m mit einem Böschungswinkel bis zu ca. 45° erhalten ist, eine eigene Lebensstätte. An diesen Standorten wurde früher Weinbau betrieben, seitdem sind sie verödet, so z. B. die „Dischanz" am Altarm bei Bergheim, auch als „Deepe Loch" bezeichnet; ein weiteres Beispiel befindet sich westlich Meindorf.

Diese Standorte zeichnen sich vor allem durch ihr Expositionsklima (SW) aus, dazu kommt der neigungsbedingte ständige Materialabtrag. An der „Dischanz" findet sich z. B. von der wärmeliebenden

Wasserflora bis zur Steppenheidevegetation auf kleinstem Raum eine Fülle von Pflanzengesellschaften. Deshalb sollte dieser Bereich möglichst erhalten bleiben, was wegen der Morphologie sehr wahrscheinlich ist.

Im Bereich dieses Steilhanges zwischen Mondorf und Bergheim trifft man Pflanzenarten aus allen anderen Lebensstätten, so daß hier geradezu ein „Lehrgarten" geschaffen zu sein scheint; hier stehen u. a. auch noch einige Exemplare der Feldulme. Durch die Nähe des Altarmes, an dem sehr viele Mücken leben, ist die Vogelwelt besonders reich entwickelt. Ist der Abfall von der Niederterrasse zur Aue als flachgeböschter Gleithang ausgebildet, dann wird er meist bebaut oder als Acker- und Gartenland in Kultur genommen.

An diese Grenze schließt sich die Niederterrasse an, die entweder als Acker- und Gemüseland z. T. mit Bewässerung intensiv genutzt wird oder aber in großen Bereichen, besonders auf der Nordseite, dörfliche Siedlungen aufweist. Die A c k e r f l u r e n d e r N i e d e r t e r r a s s e sind gegenüber denen der Aue durch reifere Bodenbildungen, schwerere Böden und größeren Grundwasserflurabstand gekennzeichnet. Die natürlichen Standorteigenschaften werden in weiten Teilen durch intensive Beregnung weitgehend je nach Bedarf gesteuert.

3.3 Die vom Menschen geschaffenen Ökotope

Von diesen ist der Deich bereits erwähnt worden; die S i e d l u n g e n sind ebenso wie Autobahn und Eisenbahn ökologisch stark vom Menschen geprägt. Während die dörflichen Siedlungen im Verhältnis zu den beiden anderen in Tier- und Pflanzenbestand dem Ackerland noch gleichen, üben die beiden Verkehrslinien durch Lärm- und Emissionserzeugung sogar schädigende Fernwirkungen auf benachbarte, schützenswerte Ökotope aus.

4 Planungskonzeption für Natur- und Landschaftsschutz im Bereich der Siegmündung und deren Begründung aus landschafts-(geo-)ökologischer Sicht (Karte 6)

4.1 Vorschlag zur Ausweisung von Schutzzonen unter dem Gesichtspunkt einer langfristigen Planungskonzeption

Die in Karte 6 kartographisch dargestellten Vorstellungen des Verfassers über die anzustrebenden Naturschutzgebiete im Bereich der Siegmündung gehen von der Zielvorstellung aus, daß hier in möglichst großen Teilen eine natürliche und naturnahe Landschaft angestrebt werden sollte. Damit ist das u. a. von KINDINGER (1970) und SCHMIDT (1972) angestrebte Leitbild „Naherholungsgebiet Siegmündung" keineswegs verneint, es wird hier nur eine weit weniger intensivere Nutzung in dieser Form empfohlen. Für einen von SCHMIDT (s. Wege- und Einrichtungsplan) vorgeschlagenen kostenaufwendigen Ausbau als Naherholungsgebiet mit einer Fülle entsprechender Einrichtungen besteht nach Meinung des Verfassers keinerlei Sachzwang. Hier wird vielmehr die Meinung vertreten, daß, wie von FINKE (1974) dargelegt, im Zuge der weiteren Auskiesung auf der Niederterrasse in direkter nördlicher Nachbarschaft durch entsprechende Auskiesungskonzentration und sogleich einsetzende Rekultivierung dort ein Naherholungszentrum für aktive Formen der Freizeitgestaltung und Erholung geschaffen werden kann. Es wäre ökologisch weniger effektiv und ökonomisch unrentabel, mit viel Geld durch Rekultivierung der Baggerseen das erreichen zu wollen, was die Siegmündung bereits heute bietet. Unter der Annahme eines großzügigen Ausbaues der Bundeshauptstadt Bonn auch auf rechtsrheinischem Gebiet (s. Der Spiegel 27,5, S. 25) ist der Karte 6 folgendes Ziel zugrunde gelegt:

Ausbau der Siegmündung zu einem möglichst naturnahen Bereich, der als Erholungsform Wandern und Naturbetrachtung bietet. Aktivere Formen der Erholung, wie z. B. Paddeln, Rudern, Reiten etc., sollten in nächster Nähe nördlich Eschmar angeboten werden.

Erläuterungen zu Karte 6

a) Wie auf Karte 6 dargestellt, sind zwei z. Z. nach ihrem Pflanzenbestand als relativ naturnah zu bezeichnende Gebiete um den Altarm „Gyssel" und westlich der Siegfähre als möglichst bald unter Schutz zu stellende Zellen ausgeschieden.

b) Für insgesamt sieben verlandende oder im oberen Mündungsbereich bereits verlandete Altarme wird eine Ausbaggerung vorgeschlagen. In diesen ausgebaggerten Altarmen müßte dann eine Wiederverlandung verhindert werden, wozu eine Verbindung zur Sieg vorgeschlagen wird (Stechkanal oder Rohrleitung), um von Zeit zu Zeit durchspülen zu können.

c) In direkter Nachbarschaft der unter a) genannten, bereits vorhandenen Naturschutzgebiete wird die

Ausweisung von größeren Bereichen empfohlen, die zum Naturschutzgebiet entwickelt werden sollten. Auf der Nordseite ist die Schaffung eines weiteren Naturschutzgebietes vorgeschlagen.

d) Das gesamte übrige innerhalb der Überschwemmungszone gelegene Gebiet muß als Landschaftsschutzgebiet erhalten bleiben.

e) Damit ergibt sich eine Konzentration von Naturschutzgebieten auf der Nordseite, so daß das Südufer größtenteils als Erholungsgebiet zur Verfügung steht.

4.2 Begründung der Vorschläge aus landschaftsökologischer Sicht

Die Begründung erfolgt hier jeweils zu den unter 4.1 a)–e) angeführten Vorschlägen.

Zu a)

Die beiden aufgrund ihres derzeitigen Bestandes als möglichst bald unter Schutz zu stellenden Kernbereiche sind, wenn eine Unterschutzstellung überhaupt als sinnvoll erachtet wird, nicht weiter zu begründen. Es sollte beim Bau der Straße nach Mondorf streng darauf geachtet werden, hier nichts zu zerstören und die Belästigungen so gering wie irgend möglich zu halten.

Zu b)

Die Ausbaggerung verlandender und auch bereits verlandeter Altarme ist die aus landschaftsökologischer Sicht nach Meinung des Verfassers wichtigste Maßnahme. Funktionsfähige Altarme, noch dazu wenn sie Teil von Naturschutzgebieten sind, stellen vornehmlich Regenerationszellen der gesamten Lebewelt dar. Dadurch, daß die Altarme einen Zu- und Ablauf erhalten sollen, wird beabsichtigt, als landschaftspflegerisches Ziel eine Regeneration der Sieg durch Erhöhung ihrer natürlichen Selbstreinigungskraft zu erreichen, was vor allem für den Rhein und damit für die Trinkwasserversorgung immer größer werdender Bevölkerungskreise positive Auswirkungen haben wird. Dazu ist allerdings auch erforderlich, die Verunreinigung der Sieg durch Abwässer auf ein Minimum zu beschränken.

Außer den genannten hydrobiologischen Auswirkungen als Regenerationszellen der Hydroflora und -fauna wird dadurch eine biologisch äußerst vielfältige Landschaft geschaffen, die aufgrund ihres Vielfältigkeitswertes ein Erholungsgebiet bester Qualität wäre.

Die Wiederherstellung der natürlichen Leistungsfähigkeit der Lebensstätten „fließende und stehende Gewässer" hat im Sinne einer langfristigen Daseinsvorsorge höherrangig als die Schaffung von intensiven Naherholungsgebieten zu gelten, zumal wenn solche in direkter Nachbarschaft geboten werden können.

Zu c)

Die Bereiche, für die als Entwicklungsziel „Naturschutzgebiet" angegeben ist, sind in erster Linie nach dem Kriterium „Lagequalität" ausgeschieden, außerdem wurden ihr derzeitiger Zustand und ihr Standortpotential berücksichtigt. Insbesondere für das westliche und mittlere der vorgeschlagenen Gebiete ist die Lage entscheidend, die relativ wenig Belästigung durch Besucher erwarten läßt. Die z. Z. im Bau befindliche neue Straße nach Mondorf wird hier allerdings unerfreuliche Belästigungen durch Lärm und Emissionen bringen, wenngleich die direkte Beeinflussung bei der vorherrschenden Windrichtung aus Süden (s. Kap. 2.4.3) abgeschwächt wird.

Da alle diese zu Naturschutzgebieten zu entwickelnden Bereiche nördlich der Sieg liegen, ist durch die neue Autobahn eine nur geringe Lärmbelästigung gegeben, dagegen wird sich die Gesamtimmissionsbelastung gegenüber früher erhöhen. Durch die Entfernung (1–1,5 km) werden sich die Kfz-Abgase allerdings stark verdünnen. Auf die geplante Fern-Schnellbahn, die mitten durch das angestrebte mittlere Naturschutzgebiet verliefe, soll zum Schluß noch gesondert eingegangen werden.

Zu d)

Daß die gesamte übrige Hochwasserzone unter Landschaftsschutz stehen muß, versteht sich in diesem Zusammenhang eigentlich von selbst, da eine intensive Dauernutzung etwa als Wohn- oder Industriebereich ausscheidet. Dieses Gebiet könnte Erholungseinrichtungen wie Spielwiesen und -plätze, Reit- und Wanderwege und Angelplätze beherbergen, während die Naturschutzgebiete nur ganz extensiv durch Wandern und Naturbetrachten genutzt werden sollten, wozu Beobachtungsstände und Ruhebänke installiert werden müßten.

Zu e)

Eine Konzentration der Naturschutzgebiete auf der Nordseite ergibt sich somit zwangsläufig. Da der größere und auch geeignetere Bereich der Überschwemmungszone auf der Nordseite gelegen ist, bleibt auch hier für aktivere Formen der Erholung immer noch genügend Raum erhalten. Formen der Freizeitgestaltung wie Rudern und Paddeln sollten jedoch später, sobald die Siegmündung, wie geplant, ausgebaut ist und auf der Niederterrasse nördlich Mondorf, Bergheim und Eschmar rekultivierte und entsprechend ausgerüstete Baggerseen zur Verfügung stehen, auf der Sieg generell untersagt werden, dafür wenige Kilometer nördlich möglich sein.

4.3 Stellungnahme zur geplanten Fern-Schnellbahn [12]

Gegen die u. a. in Karte 6 dargestellte, eventuell geplante Linienführung der Fern-Schnellbahn muß auf der Grundlage dieser Untersuchung schärfstens protestiert werden, da sie mitten durch das derzeit besterhaltene Stück Auenwald am Gyssel verläuft und darüber hinaus auch das nördlich gelegene, geplante Naturschutzgebiet zerschneiden würde. Hier müßte unbedingt erreicht werden, daß diese Fern-Schnellbahn, wenn eine Überquerung der Siegmündung überhaupt unabdingbar ist, möglichst weit siegaufwärts bis zur neuen Autobahn verlegt wird. Da in einem solchen Fall sicher mit Protest aus Sieglar und Troisdorf zu rechnen ist, wird es wohl zu einer harten Interessenkollision kommen.

Anmerkungen

[1] s. Karte 4 „Die klimatische Gliederung im Raum des Siegkreises", in: KÜNSTER & SCHNEIDER 1959, S. 22/23

[2] ebenda S. 26/27

[3] BACH, H. in: KÜNSTER & SCHNEIDER, S. 21–30

[4] Mittelwert aus eigenen Messungen mit einem Aßmannschen Aspirationspsychrometer an insgesamt fünf Tagen. BÜRGENER (a.a.O.) gibt für den östlich anschließenden Bezirk 7 b um Siegburg eine ähnliche Differenz an.

[5] s. Tabelle S. 31 in KÜNSTER & SCHNEIDER 1959

[6] ebenda S. 35

[7] s. z. B. KRAMER 1970, dort auch Literaturangaben. Weitere ältere Literatur bei UHRIG 1953

[8] zur Bodennutzung s. auch Karte 5 und Meßtischblatt Bonn, 15. Auflage 1972

[9] nach Unterlagen der Vereinigung deutscher Gewässerschutz e.V., Bonn-Bad Godesberg, veröffentlicht in dem Atlas „Unsere Welt", 1970, S. 29
In anderen Veröffentlichungen, z. B. im NWP 75, sind die hier zu behandelnden Abschnitte von Rhein und Sieg je eine Stufe schlechter eingestuft (s. Anmerkung [10]).

[10] laut Abb. 54 im NWP 75 sind Sieg und Rhein für 1970 allerdings beide eine Stufe schlechter, also als „stark verschmutzt" eingestuft.

[11] Verf. ist sich bewußt, daß die jeweils genannten Arten im streng wissenschaftlichen Sinne lediglich eine Beschreibung des sehr komplizierten Lebensspektrums innerhalb der einzelnen Ökotope darstellen können, wobei aller Voraussicht nach die für die Ökosysteme wichtigsten Arten sogar ungenannt bleiben.

[12] Die in dieser Untersuchung u. a. auf Karte 6 dargestellte Trassenführung der Fern-Schnellbahn ist der Veröffentlichung von SCHMIDT (1972) entnommen.

Literaturverzeichnis

BEYER, M. (1970): Die Entwicklung der Naturlandschaft im Siegmündungsgebiet seit dem 19. Jahrhundert — Examensarbeit Bonn, MS

BIRKENHAUER, J. (1965): Zur älteren Talentwicklung beiderseits des Rheins zwischen Andernach und Bonn — Erdkunde 19, S. 58–66

CZENSNY, R. (1932): Der fischereiliche und biologische Zustand der Sieg und Agger im Jahre 1927 in Beziehung zur Verunreinigung durch industrielle Abwässer — Zeitschrift für Fischereiwesen und deren Hilfswissenschaften 30

DIE MITTELRHEINLANDE — Festschrift zum 36. Deutschen Geographentag 1967 in Bad Godesberg, Bad Godesberg

ENGELS, J. (1965): Das Fischereiprivileg an der unteren Sieg — Heimatblatt des Siegkreises 33, S. 89 ff

FINKE, L. (1974): Landschaftsökologische Stellungnahme zur Auskiesung im Bereich der Niederterrasse zwischen Siegmündung und Porz. — Beiträge zur Landesentwicklung 31, Köln

FRÄNZLE, O. (1969): Zertalung und Hangbildung im Bereich der Süd-Ville — Erdkunde 23, S. 1–9

FRÄNZLE, O. (1969): Geomorphologie der Umgebung von Bonn — Arb. zur rheinischen Landeskunde 29, Bonn

GRADMANN, R. (1932): Unsere Flußtäler im Urzustand, Berlin

GRONEWALD, J. (1925): Die Bergheimer Fischereibruderschaft — Heimatblatt des Siegkreises 1, S. 61 ff

GRONEWALD, J. (1927): Geschichte und Satzungen der Bergheimer Fischereibruderschaft zu Bergheim an der Sieg, Troisdorf

GRONEWALD, J. (1939): Der Weinbau in früherer Zeit in der Rhein-Sieg-Ecke des Siegkreises — Heimatblatt des Siegkreises 15, S. 165 ff

GURLITT, D. (1949): Das Mittelrheintal, Formen und Gestalt — Forsch. dt. Landeskunde 46, Stuttgart

HEIDE, H. (1967): Tephrochronologische Untersuchungen der pleistozänen Terrassenschotter im Mittelrheingebiet — Dissertation, Bonn

HEINE, K. (1971): Über die Ursachen der Vertikalabstände der Talgenerationen am Mittelrhein — Decheniana 123, S. 307–318

HERZOG, W. & TROLL, C. (1968): Die Landnutzungskarte Nordrhein 1 : 100 000, Blatt 1, Köln-Bonn — Arb. zur rheinischen Landeskunde 28

JASMUND, R. (o. J.): Die Arbeiten der Rheinstrombauverwaltung 1851–1900, Denkschrift, o. O.

JENNING, W. (1940): Wintergäste in der Siegniederung — Heimatblatt des Siegkreises 16,3

JENNING, W. (1941): Die Vogelwelt der Siegniederung — Die Natur am Niederrhein, 17,2, Bonn

KELLER, R. (1958): Der mittlere Niederschlag in den Flußgebieten der Bundesrepublik Deutschland — Forsch. z. dt. Landeskunde 103, Remagen

KINDINGER, W. (1970): Naherholungsgebiet Siegmündung. Landschafts- und Einrichtungsplan — Landschaftsverband Rheinland, Ref. Landschaftspflege, Arbeitsstudie Nr. 12, Köln

KNUTH, H. (1923): Die Terrassen der Sieg von Siegen bis zur Mündung — Beitr. Landeskunde der Rheinlande 4, Bonn

KOSSWIG, W. (1937): Zur Soziologie und Ökologie des mitteldeutschen Auenwaldes, Leipzig

KRAMER, H. (1970): Das Siegmündungsgebiet und seine verschiedenen Biotope — Landschaftsverband Rheinland, Ref. Landschaftspflege, Arbeitsstudie Nr. 10, Köln

KÜMMEL, K. (1940): Niederrheinische Landschaft bei Bonn — Die Natur am Niederrhein 16,2, Bonn

KÜNEMUND, A. (1951): Der Auenwald der Siegmündung — Heimatblatt des Siegkreises 19, S. 62 ff

KÖLN UND DIE RHEINLANDE — Festschrift zum 33. Deutschen Geographentag 1961 in Köln, Wiesbaden

KÜNSTER, K. & SCHNEIDER, S. (1959): Der Siegkreis — Die Landkreise in Nordrhein-Westfalen 4 (A), Bonn

KUGLER, H. (1964): Die geomorphologische Reliefanalyse als Grundlage großmaßstäbiger geomorphologischer Kartierung — Wissenschaftliche Veröffentlichung, Deutsches Institut für Länderkunde, N.F. 21/22, S. 541—655, Leipzig

MÜLLER, P. (1898): Heimatkunde des Kreises Sieg, Siegburg

MÜLLER-MINY, H. (1940): Die linksrheinischen Gartenbaufluren der südlichen Kölner Bucht, Leipzig

NORDRHEIN-WESTFALEN-PROGRAMM 1975 (NWP 75), Düsseldorf 1970

PAFFEN, K. H. (1951): Die Mittel- und Niederrheinlande in den landeskundlichen Arbeiten des geographischen Instituts der Universität Bonn 1930—1950 — Ber. z. dt. Landeskunde 9

PAFFEN, K. H. (1953): Die natürliche Landschaft und ihre räumliche Gliederung — Forsch. z. dt. Landeskunde 68

PAFFEN, K. H. (1958): Natur- und Kulturlandschaft am deutschen Niederrhein — Ber. z. dt. Landeskunde 20

PAFFEN, K. H. (1962): Die Niederrheinische Bucht — Handbuch der naturräumlichen Gliederung Deutschlands, 2

PAFFEN, K. H. und STUD. ARBEITSGRUPPE (1948): Landnutzungskarte 1 : 25 000 Blatt Bonn, Geographisches Institut der Universität Bonn

PERTSCH, R. (1970): Landschaftsentwicklung und Bodenbildung auf der Stader Geest — Forsch. z. dt. Landeskunde 200

RANG, H. (1944): Die wärmeliebende Pflanzenwelt des Mittelrheintales, Diss. Bonn

RÜTT, T. (1960): Land an Sieg und Rhein, Bonn

SANDER, H.-J. (1970): Wirtschafts- und sozialgeographische Strukturwandlungen im nördlichen Siegmündungsgebiet, dargestellt am Beispiel der Gemeinden Mondorf und Rheidt/Niederkassel — Arb. z. Rhein. Landeskunde 30, Bonn

SAUER, E. (1955): Die Wälder des Mittelterrassengebietes östlich von Köln — Decheniana-Beihefte Nr. 1

SCHEPKE, H. (1934): Flurform, Siedlungsform und Hausform im Siegtalgebiet in ihren Wandlungen seit dem 18. Jahrhundert — Beitr. zur Landeskunde der Rheinlande (2) 3

SCHIRMER, H. (1955): Mittlere Jahressummen des Niederschlags (mm) für das Gebiet der Bundesrepublik. Zeitraum 1891—1930, Maßstab 1 : 200 000, 45 Blätter, hier Blatt 122, Aachen

SCHRIFTENREIHE der Landesanstalt für Immissions- und Bodennutzungsschutz des Landes Nordrhein-Westfalen Essen, 20/1970 und folgende

SCHLÜTER, U. (1970): Die Bedeutung der Karte der potentiellen natürlichen Vegetation für die Planung von Lebendbaumaßnahmen — Landschaft und Stadt 1, S. 32—40

SCHMIDT, L. (1972): Naherholungsgebiet „Siegniederung" — Erläuterungsbericht — Bezirksstelle für Naturschutz und Landschaftspflege im Regierungsbezirk Köln

SCHMITT, W. (1925): Der Obst- und Gartenbau an der unteren Sieg — Heimatblatt des Siegkreises 3/4

SCHMITZ, H. (1928): Anbau- und Bodennutzungsformen in der Kölner Bucht und den angrenzenden Höhengebieten, Bonn

STUTE, F. (1967): Die Siegburger Bucht, eine landschaftskundliche Betrachtung — Ber. z. dt. Landeskunde 39, S. 193—224

TROLL, C. (1971): Landscape Ecology (Geoecology) and Biogeocenology — a terminological study — Geoforum 8/1971, S. 43 ff

UHRIG, H. (1952): Der Jahresgang im Auenwald an der unteren Sieg — Heimatblätter des Siegkreises 20, S. 13—16

UHRIG, H. (1953): Landschaft, Leben und Lebensgemeinschaften des Auenabschnittes im Mündungsgebiet der Sieg — Diss. Bonn

UHRIG, H. (1956): Die Entwicklung der Landschaft im Mündungsgebiet der Sieg von der Eiszeit bis zur Gegenwart — Heimatblätter des Siegkreises 24, S. 14—20

UHRIG, H. (1958): Die Lebensstätten der Siegniederung — Heimatblätter des Siegkreises 26, S. 41—50

Karten

Gebietsentwicklungsplan 1 : 50 000, Blatt Bonn (Nr. 5308) — Landesplanungsgemeinschaft Rheinland, 1. Auflage Februar 1971

Geologische Karte von Preußen und benachbarten Bundesstaaten, 1 : 25 000, Blatt Bonn. Bearbeitet durch H. Rauff, E. Zimmermann II und W. Kegel, erläutert durch H. Rauff, Berlin 1924, 214. Lieferung

Feldblatt 1 : 25 000 zur bodenkundlichen Übersichtskartierund i. M. 1 : 100 000, Blatt Bonn (Nr. 5208), Bearbeiter H. Halfmann, 1957, Archiv des GLA von NRW, Krefeld

Feldblatt 1 : 25 000 zur Karte der potentiellen natürlichen Vegetation 1 : 200 000, Blatt Bonn (Nr. 5208), Bearbeiter nicht verzeichnet, Archiv der Bundesanstalt für Vegetationskunde, Naturschutz und Landschaftspflege, Bonn-Bad Godesberg

Topographische Karte 1 : 25 000, Blatt Bonn (Nr. 5208), 14. Auflage 1966 und 15. Auflage 1972

Schriftenreihe
Beiträge zur Landesentwicklung

Herausgegeben vom Landschaftsverband Rheinland, Referat Landschaftspflege

---

Lieferbar aus den Veröffentlichungen 1966–1974:

Nr. 2.1
F. W. Dahmen, G. Dahmen, H. V. Herbst, K. Krings, W. Paas, E. Patzke, W. und P. Schnell, R. Tüxen
I, Erforschung des Naturlehrparks Haus Wildenrath.
Mit 1 topograph. Karte 1 : 1000, 1 Übersichtskarte 1 : 3000, 4 thematischen Karten 1 : 2500, 2 Kartenskizzen, 2 Profilen und 21 Tabellen.
Köln-Erkelenz 1969   Preis DM 7,50

Nr. 12
F. W. Dahmen, G. Dahmen, U. Kisker, D. K. Martin
4, Führer zum pflanzenkundlichen Lehrpfad im Naturlehrpark Haus Wildenrath.
2. verb. und erg. Auflage.
Mit 1 Übersichtskarte 1 : 3000, 2 Kartenskizzen, Strichzeichnungen und Fotogrammen von 94 Pflanzen.
Hrsg.: Verein Linker Niederrhein.
Krefeld-Köln 1969   Preis DM 4,80

Nr. 22
F. W. Dahmen, G. Dahmen, W. H. Diemont, U. Kisker, D. K. Martin
4, Gids van het plantkundige natuurpad in het naturstudiepark Haus Wildenrath.
Niederländische Ausgabe von der 2. verb. und erg. Auflage.
Mit 1 Übersichtskarte 1 : 3000, 2 Kartenskizzen, Strichzeichnungen und Fotogrammen von 94 Pflanzen.
Hrsg.: Verein Linker Niederrhein und Landschaftsverband Rheinland.
Krefeld-Köln 1971   Preis DM 4,80

Nr. 25
G. Bauer, W. Beyer, P. Brahe, F. W. Dahmen, G. Dahmen, W. Erz, K. Gerresheim, L. W. Haas, J. Hild, U. Kisker, J. Klasen, H. Mertens, G. Penker, R. Rümler, H. Schaefer, A. Schulz, J. Sticker
Landschaftspflege am Niederrhein
= Niederrheinisches Jahrbuch Band XII.
Mit 1 Auswertekarte zur Bodenkarte von Nordrhein-Westfalen 1 : 50 000 Blatt Krefeld, 2 Ökodiagrammen, 1 Karte „Ökologische Raumeinheiten" für den Kreis Grevenbroich 1 : 100 000 als Beilagen und div. Karten, Abbildungen, Tabellen im Text.
Hrsg. Verein Linker Niederrhein und Landschaftsverband Rheinland.
Krefeld-Köln 1973   Preis DM 25,—

Nr. 26
Arndt Schulz
Erholungsverkehr und Freiraumbelastung im Rheinland.
Mit 3 Karten und div Tabellen.

Arndt Schulz
Die Erholungsgebiete der Eifel.
Mit 7 Karten und div. Tabellen.
Köln 1973   Preis DM 5,—

Nr. 27
Gerta Bauer
Geplantes Naturschutzgebiet Entenweiher.
Nachtrag zu: Die geplanten Naturschutzgebiete im rekultivierten Südrevier des Kölner Braunkohlengebietes — Landschaftsökologisches Gutachten — (Beiträge zur Landesentwicklung Nr. 15, Köln 1970).
Mit 4 Karten.

Gerta Bauer
Landschaftsökologisches Gutachten Bleibtreu-See.
Grundlagen für die Erholungsplanung im Raum Bleibtreu-See des Erholungsparks Ville.
Mit 1 Übersichtskarte und 4 thematischen Karten.
Köln 1973   Preis DM 7,50

Nr. 28
Tag der Rheinischen Landschaft 1972.
Kevelaer am Niederrhein. 23.–24. September 1972.
Tagungsbericht mit 1 Übersichtskarte 1 : 200 000 als Beilage, div. Karten, Abbildungen, Tabellen im Text.
24 Beiträge verschiedener Autoren.
Köln 1973   Preis DM 4,50

Rheinland-Verlag GmbH · Köln

5 Köln 21   Landeshaus

in Kommission bei Rudolf Habelt Verlag GmbH · Bonn

Schriftenreihe
Beiträge zur Landesentwicklung
Herausgegeben vom Landschaftsverband Rheinland, Referat Landschaftspflege

---

Nr. 29
Gerta Bauer
Landschaftsökologisches Gutachten für die Stadt Meerbusch.
Mit 13 Abbildungen, 5 Tabellen und 6 thematischen Karten.
Köln 1973   Preis DM 7,50

Nr. 30
F. W. Dahmen, G.-J. Kierchner, H. Schwann, F. Wendebourg, W. Westphal, R. Wolff-Straub
Landschafts- und Einrichtungsplan Naturpark Schwalm-Nette.
Mit 1 Beitrag von W. Pflug.
13 Abbildungen und 2 Tabellen im Text, zahlreiche Tabellen und Listen im Anhang.
42 thematische Karten mit Erläuterungstext und einer Legende zum Erholungskataster.
Hrsg.: Landschaftsverband Rheinland und Zweckverband Naturpark Schwalm-Nette.
Köln 1973   Preis DM 25,—

Nr. 31
Lothar Finke
Landschaftsökologische Stellungnahme zur Auskiesung im Bereich der Niederterrasse zwischen Siegmündung und Porz.
Mit 4 Karten.
Köln 1974   Preis DM 7,50

Nr. 32
Lothar Finke
Landschaftsökologisches Gutachten für das Siegmündungsgebiet.
Vorschläge zur Ausweisung von Gebieten für Natur- und Landschaftsschutz.
Mit 6 thematischen Karten.
Köln 1974   Preis DM 7,50

Nr. 33
Tag der Rheinischen Landschaft 1974.
Leichlingen. 4.–5. Mai 1974.
Tagungsbericht mit 1 Übersichtskarte 1 : 250 000 als Beilage und div. Karten, Abbildungen, Tabellen im Text.
60 Beiträge verschiedener Autoren.
Köln 1974   Preis DM 5,—

Nr. 34
Lothar Finke u. a.
Bergisch-Märkisches Erholungsgebiet. Eine Analyse und Bewertung des natürlichen Landschaftspotentials für die Erholung.
Köln 1974   in Vorbereitung

Karten Landschaftsrahmenplan Rheinland

Auswertung der Bodenkarte 1 : 50 000 Nordrhein-Westfalen. Blatt L 4704 Krefeld. Karteninhalt: Natürliche Standortfaktoren.
1973   Preis DM 10,—

Ökologische Raumeinheiten für den Kreis Grevenbroich.
1 : 100 000.
1973   Preis DM 6,—

Potentielle natürliche Vegetation Kreis Grevenbroich.
1 : 100 000.
1974   Preis DM 6,—

Landschaftsdiagnose für den Kreis Grevenbroich.
1 : 100 000.
1974   in Vorbereitung

Rheinland-Verlag GmbH · Köln
5 Köln 21   Landeshaus

in Kommission bei Rudolf Habelt Verlag GmbH · Bonn